信息化网络平台研究丛书

视觉注意计算模型及应用

张巧荣◎著

COMPUTATIONAL MODEL OF VISUAL ATTENTION
AND ITS APPLICATION

经济管理出版社
ECONOMY & MANAGEMENT PUBLISHING HOUSE

图书在版编目（CIP）数据

视觉注意计算模型及应用/张巧荣著. —北京：经济管理出版社，2021.4
ISBN 978-7-5096-7911-1

Ⅰ.①视… Ⅱ.①张… Ⅲ.①计算机视觉—计算模型—研究 Ⅳ.①TP302.7

中国版本图书馆 CIP 数据核字（2021）第 064439 号

组稿编辑：杨　雪
责任编辑：杨　雪　王　硕
责任印制：黄章平
责任校对：陈　颖

出版发行：经济管理出版社
　　　　　（北京市海淀区北蜂窝 8 号中雅大厦 A 座 11 层　100038）
网　　　址：www. E-mp. com. cn
电　　　话：(010) 51915602
印　　　刷：唐山昊达印刷有限公司
经　　　销：新华书店
开　　　本：710mm×1000mm /16
印　　　张：11
字　　　数：175 千字
版　　　次：2021 年 5 月第 1 版　　2021 年 5 月第 1 次印刷
书　　　号：ISBN 978-7-5096-7911-1
定　　　价：68.00 元

前　言

　　视觉注意机制是人类及其他灵长目动物内在的固有属性，在视觉注意机制的帮助下，人类视觉系统可以有选择地对视觉信息进行处理，有效地解决了有限的信息处理资源与海量的视觉信息之间的矛盾。将视觉注意机制引入计算机图像处理、模式识别以及机器视觉等领域，可以有效地降低信息处理的计算量，节省计算资源，提高信息处理的效率，因此对视觉注意计算模型的研究一直是这些领域的研究热点之一。

　　本书是作者在长期对视觉注意的计算模型及其应用进行研究的基础上编写而成，全书分9章内容，分别从视觉注意机制基本概念、视觉注意机制的生物学基础、认知模型、基于空间的视觉注意计算模型、基于特征对比度的视觉显著性计算、基于频域分析的视觉显著性计算、基于背景先验的视觉显著性计算、注意焦点选择与转移、基于物体的视觉注意计算模型以及视觉注意计算模型的应用等进行详细阐述。

　　本书内容既可以供高等院校计算机科学与技术、人工智能等专业的高年级本科生和研究生参考，也可供计算机图像和视频处理领域的研究人员参考。

　　本书在编写过程中，由于作者水平和经验有限，难免存在一些错误或不当之处，还有很多做得不够的地方，恳请各位专家和读者给予指正，并欢迎相同领域的研究人员进行交流。

目　录

1 绪 论

1.1 视觉注意

人类以及其他灵长目类动物能够在一个复杂的视觉场景中迅速地找到"显著的"或"感兴趣"的物体,而忽略其他不太重要的内容,这个过程称为视觉注意。视觉注意机制在视觉信息处理过程中起着非常重要的作用。面对一个视觉场景时,进入人类视野的信息是海量的,而人类视觉系统的信息处理资源却是有限的,无法并行处理所有的信息;同时,并不是所有的视觉信息都是同等重要的,需要根据信息的重要程度分别给予不同级别的处理。因此,通过视觉注意机制,人类能够对输入的视觉信息有选择地进行处理,降低信息处理的计算量,极大地提高了视觉信息处理的效率,使得人们能够对突发、紧急和危险情况作出及时的反应。

视觉注意机制是灵长目类动物视觉系统的一个内在的属性,是在漫长的生物进化过程中,为了适应外界生存环境变化的合理产物。通俗地讲,视觉注意就是一种引导我们的目光集中到视觉场景中"感兴趣"物体的机制。从生理学角度看,视觉注意是灵长目类动物在长期的进化过程中为了生存而必须具备的基本功能,要求他(它)们能够从海量的视觉输入信息中实时地发现食物或敌人,即能够选择性注意;从心理学上讲,注意作为人类大脑信息加工的重要机制,强调了人类心理活动的主动性和意识的重要性;从信息处理方面而言,人类及其他灵长目类动物视觉系统的信息处理资源和处理能力是有限的,需要有选择地分配和使用这些资源,以便更好地和外界环境进行交互。因此,视觉注意机制的研究对于心理学、生理学、神经科学、人工智能及计算机图像处理等学科和领域的发展具有重要的意义。

　　视觉注意机制是一个多学科交叉的问题，目前并无一个统一的理论和框架。目前普遍认为视觉注意可以是自下而上，图像数据驱动的，也可以是自上而下，任务驱动的，分别称为自下而上（bottom-up）的视觉注意和自上而下（top-down）的视觉注意。在自下而上的视觉注意中，图像中的区域（或物体）通过自身数据的合作以及与周围区域（或物体）的竞争形成显著性，从而吸引注意，一个有力的实验证据就是在视觉搜索实验中，图像中那些新颖的、与众不同的区域（或物体）会自动"跳出"（pop-out），引起观察者的注意。例如，人们会很容易被一面白墙上挂着的一幅画吸引。在自上而下的视觉注意中，根据当前的视觉任务来引导注意，观察者"有意地"注意一个可能并不"显著"的区域（或物体）。上层的视觉任务提供了一个"感兴趣"的区域（或物体）的模型，通过这个模型去调节注意过程。例如，给定搜索"穿红色衣服的人"的任务，人们会把焦点集中在红色上面而有意地忽略其他颜色。

　　图1-1给出了两个视觉注意的例子。在没有上层任务指导的情况下，（a）中的右斜线和（b）中的圆形很容易引起人们的注意。这个过程为自下而上的视觉注意过程，即场景中那些具有较强的新颖刺激的视觉对象能够迅速引起观察者的注意。自下而上的视觉注意过程完全受图像底层特征的驱动，与任务无关。如果给定"寻找左斜线"或"寻找方块"的任务提示，人们的注意力就会集中在（a）中的左斜线和（b）中的方块上。这个过程为自上而下的视觉注意过程，即场景中那些人们所期待的视觉对象能够获得人们的注意。自上而下的视觉注意过程受高层任务驱动，依赖于特定的任务。

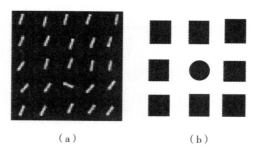

（a）　　　　　　　　　　（b）

图1-1　视觉注意示例

1.2 视觉注意的计算模型

面对一个复杂的视觉场景时，人类视觉系统能够迅速地将注意力集中在少数几个"显著的"视觉对象上，这个过程称为视觉注意。研究视觉注意的计算模型，对于计算机视觉和计算机图像处理都有着非常重要的意义，可以大大提高分析和处理的效率和准确度，降低计算的复杂度，避免不必要的资源浪费。

1.2.1 视觉注意机制的生物学基础

视觉信息处理的神经系统是视觉注意机制产生的生物基础，研究视觉系统的神经机制能够为建立符合生物学原理的视觉注意计算模型提供理论基础和支持。

神经生理学和解剖学的研究结果表明，视觉系统由视觉感官（视网膜）、视觉通路和多级视觉中枢组成，低级中枢由视网膜内的神经节细胞组成，外侧膝状体（Lateral Geniculate Nucleus，LGN）构成皮层下中枢，视皮层初级功能区构成高级中枢。视觉信息按照一定的通路在大脑中传递，图 1-2 是生物视觉通路示意图（来自文献 [4]，本书做了一些修改）。在人类视觉系统中存在着两条通路：What 通路和 Where 通路。What 通路主要处理与对象的形状、大小和颜色等相关的静态特征，形成感受并进行对象识别。Where 通路主要处理动作和其他空间信息。在人类视觉系统中，大部分连接都是双向的，前向连接往往都伴随着反馈连接。大脑中许多高层区域具有大量反馈通路到达初级视觉皮层区。这些反馈通路与人类的意识行为有关，体现出自上而下的视觉指导。视觉系统在处理信息时具有非常复杂的层次结构。What 通路处理信息的过程为从视网膜接收到的光学信息由神经节细胞传递出来，经由外侧膝状体，最后到达视觉皮层。

（1）视网膜。人类双眼从周围世界获取各种视觉信息，据统计，外界信息的 80%~90% 是通过视觉系统传入大脑的，这些基本的视觉信息包括亮度、颜色、形状、运动和深度等。视网膜是视觉系统的第一级功能结构，

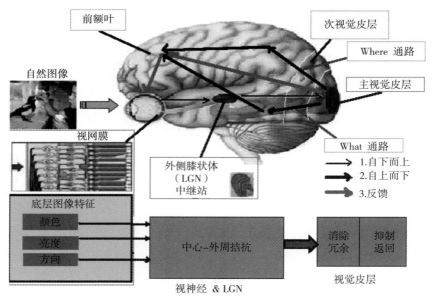

图 1-2　生物视觉通路

视网膜由三层细胞组成：光感受器细胞、双极细胞和神经节细胞组成纵向通路，另外还有两层细胞（水平细胞和无长突细胞）在视网膜水平方向组成网络，因此视网膜是一个多层的立体网络，负责初步的视觉信息处理，并将其处理结果经过神经节细胞传递到第二级视觉中枢外侧膝状体。光感受器包括两类细胞：杆状细胞和锥状细胞。杆状细胞为细长型，对亮度比较敏感，可以分辨出非常细微的亮度差别，但是不能分辨颜色。锥状细胞为粗短型，只对较强的光线产生反应，但是具有分辨颜色的能力。来自外界的光信息由杆状细胞和锥状细胞共同接收并向上传递。

视网膜不同区域各种细胞的分布很不均匀。视网膜后端一个直径约 6°视角（视网膜每度视角相当于 300um）的黄色区域，称为黄斑。黄斑中央约 1.5°视角的区域形成中央凹，中央凹的中央只有锥状细胞，并且密度最高，每平方毫米约 150000 个。从中央凹向外伸展 15°，锥状细胞密度迅速降低，此后大体维持在中央凹最高密度的 1/30～1/25，到 70°～80°后迅速消失。杆状细胞密度最高的地方离中央凹 15°～30°，从这个地方向中央或周边密度下降。视网膜其他细胞的分布情况与杆状细胞和锥状细胞的分布大致相同。视网膜的这种结构决定了视网膜上各区域的分辨能力是不相同的，中央凹具有最高的视敏度，可以产生最清晰的视觉，从中央凹逐渐向外界测试，分辨率急剧下降。

视觉系统在处理图像信息时通过不同形式的感受野（Receptive Field）逐级进行抽取，在每一层上抛弃某些不太重要的信息，提取更有用的信息。视网膜神经节细胞的感受野具有中心-外周拮抗特性。在感受野的中心与外围，刺激对细胞响应的影响正好相反。按照感受野中心对闪光刺激的反应，可分为on-中心型和off-中心型两种。on-中心型细胞的感受野由中心的兴奋区和外周的抑制区组成，当小光点单独刺激其兴奋区时，细胞的响应强度增加；当逐渐增大给光的面积并覆盖到抑制区时，细胞的响应强度下降，off-中心型细胞的感受野则正好相反。on-中心型感受野和off-中心型感受野的示意图如图1-3所示，其中"+"表示兴奋区，"-"表示抑制区。这种同心圆拮抗式的感受野，使得其对亮暗边界处于中心-周边分界线上时，反应最大或最小，整个感受野受光照射时反应不是最大，整个感受野处于黑暗时反应不是最小。

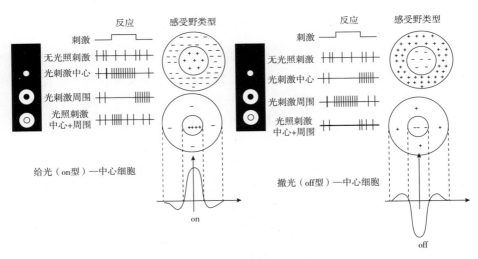

图1-3 感受野示意图

神经生物学实验表明，人类视觉通路中各级感受野共同具有的中心-外周拮抗特性（on-中心型感受野和off-中心型感受野）与高斯差分函数（Difference of Gaussian，DOG）的性质类似，如图1-4所示。因此，感受野的中心-外周拮抗特性可以用高斯差分滤波器来模拟，式（1-1）为高斯差分函数的极坐标表示形式。

$$DOG(r) = A exp(-r^2/\sigma_A^2) - B exp(-r^2/\sigma_B^2) \qquad (1-1)$$

式中，r 为感受野中一点到中心点的距离。当 A>B 且 $\sigma_A < \sigma_B$ 时，式 (1-1) 对应于 on-中心型感受野；当 A>B 且 $\sigma_A > \sigma_B$ 时，则对应于 off-中心型感受野。

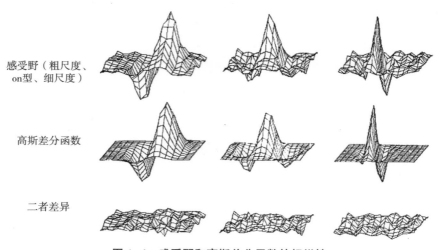

感受野（粗尺度、on型、细尺度）

高斯差分函数

二者差异

图 1-4　感受野和高斯差分函数的相似性

（2）外侧膝状体。外侧膝状体是视网膜到视觉皮层信息处理通路的中继站，各种视觉信息在外侧膝状体得到分别的编组和处理，投射到视觉皮层的不同区域，再由不同视觉皮层细胞分别分析和处理。外侧膝状体的神经元分为两类：中继细胞和中间神经元。中继细胞大约占外侧膝状体细胞总数的 75%，中继细胞接收视网膜输入信息并将信息投射到视皮层，中间神经元大约占外侧膝状体细胞总数的 25%，只在外侧膝状体内部形成抑制性突触。

同视网膜的神经元细胞一样，外侧膝状体神经元的感受野也分为中心和周边两个拮抗区域，细胞的中心和周边区的敏感度分布同样可以用双高斯分布之差来表示。根据感受野中心区域的反应模式，外侧膝状体细胞可以分为 on-中心型和 off-中心型两类。外侧膝状体细胞的感受野中心面积与视网膜神经节细胞相仿，表明这一决定细胞视锐度的重要性质在外侧膝状体继续保持着，并随着感受野在视网膜的离心度增加而变大。外侧膝状体感受野周边的抑制作用比视网膜神经节细胞更强，因此外侧膝状体的作用常被归结为提高对比敏感度和减小对弥散光的反应。

另外，外侧膝状体细胞感受野中心的形状虽然常被称为圆形，实际上并非正圆形而是有些接近椭圆形。这种一定程度的椭圆形拉伸的倾向并不是外侧膝状体固有的，而是源于视网膜神经节细胞的输入，这可能是构成视皮层细胞方向选择性过程的重要的第一步。

（3）视觉皮层。Hubel 和 Wiesel 在 20 世纪 50 年代末首次展开对视觉皮层细胞的研究。视觉皮层由许多区域组成，在所有的大脑皮层中，以初级视觉皮层（Primary Visual Cortex）研究得最为透彻。初级视觉皮层主要有两类神经元：锥体细胞和星形细胞。锥体细胞呈锥形，尖端为顶树突直至皮层表面，胞体基部有侧树突向四周伸出。所有锥体细胞整齐地并行排列，与皮层表面垂直。星形细胞的树突和轴突都只在局部皮层范围内建立突触联系。

根据 Hubel 和 Wiesel 的经典定义，视觉皮层细胞按照其感受野反应性质的不同可以分为三类：简单细胞、复杂细胞和超级复杂细胞。简单细胞的感受野为狭长型，对弥散光没有反应，用小光点刺激可以发现感受野存在兴奋区和抑制区。简单细胞具有很强的方位选择性，如果刺激方位偏离该细胞偏爱的最优方位，则细胞反应立刻骤减或停止。复杂细胞的感受野比较大，与简单细胞相同的是，复杂细胞也具有较强的方位选择性，但是它对刺激在感受野中的位置并不敏感。与简单细胞相比，复杂细胞具有一定的位移不变性和方向不变性，有利于检测不变特征。超复杂细胞对条形刺激的反应和复杂细胞相似，但是超复杂细胞对于刺激的长度比较敏感，只有特定长度的相关刺激才能使其产生最强烈的反应，当刺激过长时，反应立刻减少或消失。

1.2.2 视觉注意机制的认知模型

视觉心理学和认知心理学领域的学者主要研究视觉选择性注意机制的神经机理和认知模型，通过各种心理实验和 ERP 研究等多种手段对视觉注意机制进行了研究，提出了许多心理学模型和认知模型来解释视觉注意机制，如英国著名心理学家 Broadbent 提出的过滤器模型，美国心理学家 Treisman 提出的衰减模型，Deutsch 等人提出的反应选择模型，Kahneman 提出的容量分配模型，Treisman 和 Gelade 提出的特征整合模型和 J. Duncan 提出的整合竞争假设等。在这些视觉注意的认知模型中，Treisman 和 Gelade 在1980 年提出的特征整合模型是视觉注意的认知模型中最有影响力的一个，现有的视觉注意计算模型很多都是基于该模型的。

Treisman 和 Gelade 提出的特征整合模型认为，在视觉信息处理的早期阶段，信息被分解为亮度、颜色、形状和方向等特征分别进行并行加工，各种特征的加工是平等进行的，这一阶段并不存在注意机制；在接下来的信息处理过程中，各种特征被整合在一起进行加工，在这一阶段需要集中性注意的参与，每次只能针对一个目标整合特征，因此这个过程是串行进行的。Treisman 的特征整合理论认为视觉注意的加工过程分为两个阶段：预注意阶段和特征整合阶段。

在预注意阶段，视觉系统并行地从各种光刺激中抽取各种特征（Treisman 假定在这一阶段视觉系统只能抽取独立的特征），如亮度、颜色、方向、形状和尺寸等，视知觉系统对这些特征独立地进行编码，形成特征图（Feature Map）。在预注意阶段提取的特征被称为初级视觉特征，这些视觉特征处于自由状态，不受物体的约束，在主观上的位置是不确定的。

在特征整合阶段，视知觉系统把相互独立的初级视觉特征进行整合，形成对某一物体的表示。特征整合阶段需要确定特征的位置，形成位置地图（Location Map）。特征位置信息的确定需要集中性注意，注意资源把多个相互独立的初级视觉特征整合为一个物体。在这一阶段物体是通过串行的方式整合而成的，需要逐个串行地分析目标，因此这一阶段的加工过程相对于预注意阶段要慢一些。

Treisman 基于特征整合理论，提出了相应的视觉注意认知模型，如图 1-5 所示。

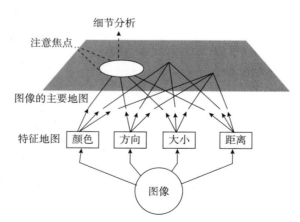

图 1-5　Treisman 的视觉注意认知模型

1.2.3　视觉注意机制的计算模型

从视觉心理学和认知心理学角度对视觉注意机制的研究主要是对其神经机理和认知模型进行研究，不同的研究者通过各自实验得出的结论无法统一，甚至出现截然相反的结论。计算机视觉、图像处理和模式识别领域的学者结合视觉心理学和认知心理学等领域的学者对视觉注意机制的研究成果，研究建立视觉注意机制的计算模型，为视觉注意机制的研究提供了一种新的方法。

结合视觉注意认知模型的研究成果，目前视觉注意计算模型的研究主要分为基于空间的计算模型研究和基于物体的计算模型研究。在基于空间的视觉注意计算模型中，Itti 等人提出的基于显著性的注意计算模型最有影响力，得到了广泛的关注。很多研究者在此基础上进行改进，提高其性能，并将其应用于目标识别和场景分类等应用中，取得了一定的成果。基于空间的注意模型主要关注注意焦点位置的判断，而忽略了注意目标的完整性，注意焦点的转移有可能转移到无意义的区域。在基于物体的视觉注意计算模型中，Sun 的基于编组的注意计算模型最有代表性，提出了一个基于编组的显著性计算方法和分层次的注意焦点选择和转移机制。在此基础上，一些研究者也进行了相应的研究，取得了一些研究成果。与基于空间的视觉注意计算模型相比，基于物体的计算模型以物体为单元进行焦点的选择和转移，保证了目标的完整性，焦点不会转移到没有意义的区域。

1.3　视觉注意的应用

对视觉注意机制的研究最先是从心理学领域开始的，研究其心理模型和认知模型。后来随着计算机视觉和计算机图像处理的发展，视觉注意的计算模型逐渐成为计算机视觉和图像处理工作者研究的热点，被应用在计算机视觉、计算机图像处理和模式识别等领域中。

（1）图像的压缩与编码。原有的大多数图像压缩算法都是对图像中的所有区域采用相同的压缩比进行压缩，而实际上人们往往只对图像中的一部分内容感兴趣。如果在对图像进行压缩的时候能够对这些感兴趣的区域采用低的压缩比，对那些非感兴趣区域采用高的压缩比，则既能够有效地压缩数据量，又能够保证重要的信息不丢失。基于视觉注意机制的图像压缩与编码是当前视觉注意非常活跃的一个应用领域。利用视觉注意机制，迅速地找到图像中的关键区域。对关键区域进行无损或低损压缩，对其他区域进行有损压缩，既可以保证压缩后图像的质量，又可以获得较高的压缩比。目前，这种思想已被 JPEG 2000 标准采用。

（2）图像分割。在图像分析和处理中，人们往往只对图像中的某些部分感兴趣，这些部分通常称为目标或前景，一般对应于图像中具有特定性质的区域。为此，需要将目标从图像中分离出来，才能够做进一步的分析和处理。图像分割就是将一幅图像划分成若干个具有某种均匀一致性的区域，从而将人们感兴趣的区域从复杂的场景中提取出来的技术。目前的图像分割方法主要采用基于边缘信息或基于区域聚类，计算复杂度较高。一些研究者利用视觉注意机制提取图像中的显著区域，结合其他技术实现目标和背景的分离。

（3）目标检测和目标识别。面对复杂视觉场景中的目标检测和目标识别问题，如何减少处理的信息量，降低计算复杂度，实现实时的目标检测和目标识别一直是这个领域研究中需要解决的难题之一。视觉注意计算模型的提出和研究为解决这一难题提供了一种解决方法，并取得了较好的效果。利用视觉注意机制，首先从视觉场景中提取有可能包含目标的感兴趣区域，再根据目标模型对该区域是否包含目标进行验证。将视觉注意机制应用于目标检测和识别中，将信息处理资源优先分配给那些引起注意的关键区域，有效地降低计算量，同时还可以避免背景区域的干扰，提高检测和识别的效果。

（4）图像检索和图像分类。基于内容的图像检索是目前图像检索领域的主要研究方向，而如何提取图像特征并对图像的内容进行有效的表示则是该研究方向需要解决的主要问题。将视觉注意机制应用到图像检索和分类过程中，首先提取出图像中的注意焦点区域，利用注意焦点区域的属性和分布来描述图像的内容，并通过图像间各注意区域的相似性描述图像间的相似性，实现图像检索和分类，不但可以提高图像检索和分类的效率，还可以减少图像中与内容不相关的区域对检索和分类结果的影响。

（5）图像切割和自适应显示。许多移动设备对多媒体资源的使用越来越多，例如移动电话、掌上电脑及智能手机等。特别是随着内置摄像头的移动设备的使用和移动博客的兴起，多媒体内容，包括图像和视频在移动设备上的使用越来越广泛。但是对于大多数移动设备，它们显示屏幕小、存储空间有限、计算能力弱、网络带宽窄，这就需要有专门适合其应用环境的多媒体内容。另外，不同的用户有不同兴趣偏好。对于多媒体信息的发布者来说，提供适合各种设备显示及符合个人兴趣的不同版本的内容，其工作量非常大。这就需要能够自适应转换和传输多媒体内容的系统和技术，来满足复杂的客户端环境，并提供最好的浏览体验。目前对于多媒体内容自适应的研究主要集中在对多媒体内容的压缩及缓冲以获得更快的传输速度上，而对于人在小屏幕上的视觉观感则很少考虑。图像的主要信息主要集中在一些关键区域中，这些关键区域就是吸引观察者注意的区域。利用视觉注意机制，能有效地提取这些关键区域，集中有限的信息处理资源对其进行处理，就能有效地解决移动设备屏幕小、计算能力弱与庞大的图像信息资源之间的矛盾，在资源有限的情况下提供尽可能多的信息。

（6）主动视觉。视觉是人类获得外界信息的主要途径，主动性和选择性是人类视觉信息处理的重要特征。主动视觉能够为机器人视觉系统实现外界信息获得的主动性和视觉信息处理的选择性提供有效的控制手段，进而在有限的智能水平基础上实现更为有效的机器感知能力，为机器人自身的运动、机器人与人和环境的交互提供强有力的支持。主动机器视觉是机器视觉的发展方向，在军事和工业等领域有着巨大的应用潜力。主动视觉理论强调模拟人眼对环境的主动适应性，模拟人的"头-眼"功能，使视觉系统能够自主选择和跟踪注视的目标物体。主动视觉中两个关键的问题就是注意力选择和动态环境中的视觉信息处理。

将视觉注意机制引入计算机视觉、计算机图像处理和模式识别等领域，利用视觉注意机制选择出图像中的感兴趣区域或物体，可以为后续的图像处理过程等提供帮助，降低图像处理的复杂度，极大地提高信息处理的工作效率。因此，对于视觉注意计算模型的研究具有非常重要的意义。

1.4　本章小结

视觉注意机制是人类及其他灵长目类动物固有的内在属性，研究其计算模型对于计算机视觉、图像处理和模式识别等领域都有着非常重要的意义。本章首先介绍了视觉注意的概念，然后介绍了视觉注意机制的生物学基础，以及视觉心理学和认识心理学对于视觉注意的研究成果，在此基础上对视觉注意计算模型进行介绍，后续各章节将主要围绕视觉显著性计算模型以及应用展开讨论。

2 视觉注意的计算模型

2.1 引言

面对一个复杂的视觉场景时，人类视觉系统能够迅速地将注意力集中在少数几个"显著的"视觉对象上，这个过程称为视觉注意。研究视觉注意的计算模型，对于计算机视觉和计算机图像处理都有着非常重要的意义，可以大大提高分析和处理的效率和准确度，降低计算的复杂度，避免不必要的资源浪费。

本章将以生物视觉的生理学理论和认知科学为依据，结合计算机视觉和计算机图像处理的要求，分析视觉注意计算模型的关键问题，构建一个视觉注意的计算模型。

2.2 构建视觉注意计算模型的关键问题

在建立一个视觉注意计算模型时，应该考虑以下几个关键问题：

（1）早期特征提取与显著图的生成。视觉注意计算模型中首先提取初级视觉特征，那么究竟应该提取哪些早期视觉特征呢？研究表明，引导视觉注意的视觉特征可以是简单的特征，如亮度、颜色、方向和形状等，也可以是特征的组合，如物体等。不同的视觉特征通过竞争，共同引导视觉注意。

如何利用已经提取的视觉特征来引导视觉注意，现有模型几乎都是利用显著图。显著图就是与原始图像大小相同的一幅二维图像，每个像素值表示原图像中对应点的显著性的大小。首先根据提取的各种特征图，进行视觉显著性度量，得到特征显著图，然后将这些特征显著图进行合并，得到最终显著图。如何对特征图进行视觉显著性度量，以及如何将各种特征显著图进行整合是建立一个视觉注意计算模型的核心和关键问题。

（2）尺度竞争和选择问题。这里，尺度包含两方面的含义：一是图像本身的尺度，即图像的分辨率，由成像时所使用的观察孔径的大小以及与物体距离的远近决定；二是注视区域的最佳尺度，即注视区域的范围。输入图像是在单一分辨率下成像得到的，为了模拟人类的视觉感受野特性，现有模型大多是对输入图像进行多尺度（多分辨率）表示，形成特征图像的高斯金字塔，通过一些计算方法，形成特征显著图，最后各特征合并形成显著图，相当于把多特征和多尺度数据放到一起竞争，忽略了两种竞争之间的差异。实际上图像的尺度对于视觉显著性的影响很大，如果图像的尺度较小（分辨率较低，观察距离较远），人的注意力会集中在一些大的区域上；如果图像的尺度较大（分辨率较高，观察距离较近），人的注意力就会集中在一些小的细节上面。在建立视觉注意计算模型时，需要考虑到图像尺度对于显著性的这种影响，并且需要将尺度选择和竞争与特征选择和竞争分开考虑。

（3）注意焦点选择和转移问题。在基于空间的视觉注意计算模型中，一般根据各点的显著性的大小选择注意焦点并确定注意区域。其中注意区域尺寸的确定比较困难，太小不足以包含整个显著目标，太大又会把背景区域包含进去。因此，如何确定注意区域的尺寸是建模时需要考虑的另一个关键问题。基于物体的注意计算模型中，以物体为单元选择注意焦点，没有注意区域的尺寸选择问题。但是，如何自动提取物体也是一个需要解决的关键问题。

在注意焦点转移时，现有模型主要考虑邻近优先和抑制返回的原则，注意焦点按照显著性从大到小递减的顺序，从一个区域转移到另一个区域，或者从一个物体转移到另一个物体。但是，人类视觉系统具有分辨率变化的采样能力和深度优先分阶层的注意转移机制。通常人们在注意到一个物体之后，会进一步将注意力集中在该物体内部，选择物体内的子区域进行注意，直到彻底地理解该物体才跳出，转向图像中的其他区域或物体。

另外，从生物学的角度来看，注意分为显式注意和隐式注意，二者的区别在于在注视点的转移过程中有没有伴随眼动。隐式注意的中央凹不会随着注视点的转移而移动，采样中心固定不变；显式注意的中央凹随每次注视点的转移而移动，采样中心不断变化。从这个角度来看，现有模型多是对显式注意进行研究实现，对隐式注意研究得较少。因此，在实现显式注意的同时，对隐式注意进行研究是建模时需要考虑的另一个问题。

2.3　本书模型

本书以 Treisman 的特征整合理论和基于物体的视觉注意选择理论为依据，对以上提出的建模的关键问题进行研究，提出一种分层的视觉注意计算模型，将基于空间的注意和基于物体的注意模型有机结合。本书提出的视觉注意计算模型结构如图 2-1 所示。

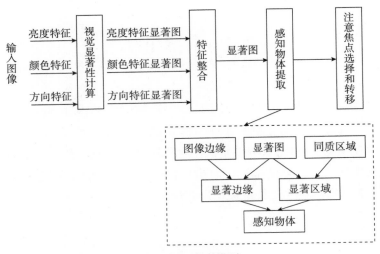

图 2-1　本书模型

模型主要包括视觉显著性计算、特征整合、感知物体定义和提取、分层注意焦点选择和转移 4 个模块。

（1）视觉显著性计算是整个视觉注意计算模型的前提和关键部分。该模块主要提取输入图像的各种早期视觉特征，计算图像中每个像素在各特征图中的显著性，形成特征显著图。

（2）特征整合模块主要对得到的各特征显著图进行整合，实现特征的竞争和融合，形成最终的显著图，引导视觉注意。本书模型根据每个特征显著图中显著点的一致性和空间分布情况来决定该特征显著图对最终显著图的贡献，计算各特征显著图的权值，进行特征整合。

（3）感知物体的定义和提取模块结合显著图和边缘信息、同质区域信息，提取感知物体，作为视觉注意选择的基本单元，解决基于空间的注意模型中存在的注视区域尺寸确定困难的问题和注意转移到无意义区域的问题。

（4）分层注意焦点选择和转移模块主要结合显著图，在提取的感知物体之间进行选择和转移。注意焦点转移时采用深度优先的分层转移策略，当某个感知物体被选作注视焦点时，其内部区域将作为输入图像在更高的分辨率上进行分析。采用分层的转移策略，将尺度竞争和特征竞争分开考虑，既节省了计算资源，又符合人类视觉系统的特性。同时，这种分层的注意焦点选择和转移方法既考虑了显式注意，又实现了隐式注意。

2.4　本章小结

视觉注意机制是人类及其他灵长目类动物固有的内在属性，研究其计算模型对于计算机视觉、图像处理和模式识别等领域都有着非常重要的意义。本章在视觉注意机制的生物学基础以及视觉心理学和认识心理学基础上对现有视觉注意计算模型进行改进，提出了一个分层的视觉注意计算模型，后续各章节将分别围绕此模型展开讨论。

3 视觉显著性计算

3.1 引　言

　　人们通过对人类视觉系统（HVS ）的研究发现，面对一个复杂的场景，人类视觉系统能够迅速地将注意力集中在少数几个显著的视觉对象上，这个过程称为视觉注意。通过在图像处理和计算机视觉任务中引入视觉注意机制，快速地从海量的图像和视频数据中获取重要的关键信息而忽略不太重要的非关键内容，可将有限的计算资源分配给图像视频中更重要的信息，从而提高信息处理的效率，可以为图像和视频处理任务带来一系列重大的帮助和改善。视觉显著性计算是指利用数学建模的方法模拟人的视觉注意机制，对视觉场景中信息的显著程度进行计算，预测图像或视频中的显著区域（感兴趣区域）的视觉注意的过程，在目标检测和识别、图像和视频压缩、图像检索和主动视觉等领域有着重要的应用价值。

　　视觉显著性计算方法可以分为自底向上数据驱动的方法和自顶向下任务驱动的方法。通过近年来的一些研究，人们对于视觉皮层信息处理基本原理的研究取得了巨大的进步，从而使得自下而上的视觉显著性计算方法备受国内外研究者的关注，已经成功地建立了一些模型，并应用于图像处理和机器视觉等领域中。自上而下的视觉显著性与高层的感知过程有关，而人们对于这种高层感知过程的认识和理解有限，因此对于自上而下的视觉显著性的研究较少，大部分都是基于特定的任务结合自下而上的视觉显著性机制进行研究的。

3.2　视觉显著性计算模型分类

本书主要从计算机图像处理的角度对视觉显著性检测进行研究，重点研究由底层数据驱动的、没有高层知识介入的自下而上的视觉显著性的计算模型及其应用。计算机视觉、图像处理和模式识别领域的学者，结合视觉生理学和认知心理学的研究成果，对视觉注意机制的计算模型展开研究，并取得了一些研究成果，现有的视觉显著性检测计算模型主要分为以下几种：

3.2.1　基于特征整合理论的显著性计算模型

Koch 和 Ullman 在 Treisman & Glade 的特征整合理论的基础上，通过仿生物视觉系统的神经机制，在 1985 年提出了一种显著性模型，显著图的概念就是他们提出的。当时其研究还是理论上的，只对人工图像进行了仿真。Itti 在此基础上，提出一个能够用于自然图像的显著性计算方法。该视觉注意计算模型的框架如图 3-1 所示。

从图 3-1 可以看出，Itti 的视觉注意计算模型主要包括以下几个模块：早期特征提取、生成显著图、注意焦点选择和转移。

（1）早期特征提取。在没有上层任务指导的情况下，视觉显著性可以通过图像本身的底层视觉特征体现出来。模型首先对输入图像提取亮度、颜色和方向等早期视觉特征。假设 r、g、b 为图像的 3 个颜色分量，则图像的亮度特征可以通过式（3-1）提取得到。

$$I = \frac{r + g + b}{3} \tag{3-1}$$

利用式（3-2）~式（3-5）提取图像的 R、G、B、Y 四个颜色特征。

$$R = \begin{cases} r - (g + b)/2 & R > 0 \\ 0 & R \leqslant 0 \end{cases} \tag{3-2}$$

$$G = \begin{cases} g - (r + b)/2 & G > 0 \\ 0 & G \leqslant 0 \end{cases} \tag{3-3}$$

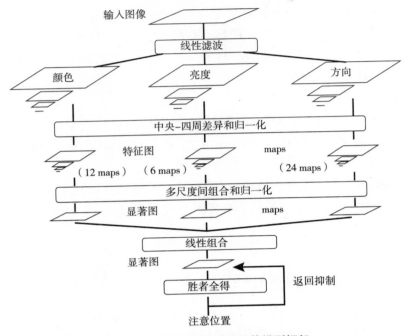

图 3-1　Itti 的视觉注意计算模型框架

$$B = \begin{cases} b - (r + g)/2 & B > 0 \\ 0 & B \leqslant 0 \end{cases} \qquad (3\text{-}4)$$

$$Y = \begin{cases} (r + g)/2 - |r - g|/2 - b & Y > 0 \\ 0 & Y \leqslant 0 \end{cases} \qquad (3\text{-}5)$$

用 0°、45°、90°和 135°四个方向的 Gabor 滤波器分别对亮度图进行滤波，就可以得到方向特征。

（2）生成显著图。Itti 模型在模拟视网膜非均匀采样的基础上通过中央周边差（Center-Surround）的计算方法得到显著图。

首先将输入图像表示为 9 层的高斯金字塔。其中第 0 层是输入图像，1 到 8 层分别是用高斯滤波器对输入图像进行滤波和向下采样形成的，大小为输入图像的 1/2 到 1/256。然后对金字塔的每一层分别提取各种视觉特征：亮度、颜色和方向，形成亮度金字塔 $I(\sigma)$，颜色金字塔 $R(\sigma)$、$G(\sigma)$、$B(\sigma)$、$Y(\sigma)$ 和方向金字塔 $O(\sigma, \theta)$，其中 σ 为层数，θ 为方向。

接下来对各种特征图分别在特征金字塔的不同尺度间作差。感受野的中心对应于尺度 c 的特征图的一个点（$c \in \{1, 2, 3, 4\}$），感受野的外周

对应于尺度 s 的特征图中的相应点 ($s = c + \delta$, $\delta \in \{3, 4\}$)。

利用式 (3-6) 对各级特征图作差得到的是中心 (尺度 c) 和外周 (尺度 $s + \delta$) 的特征的对比。

$$\begin{cases} I(c, s) = |I(c) \Theta I(s)| \\ RG(c, s) = |R(c) - G(c)| \Theta |G(s) - R(s)| \\ BY(c, s) = |B(c) - Y(c)| \Theta |Y(s) - B(s)| \\ O(c, s, \theta) = |O(c, \theta) \Theta O(s, \theta)|, \theta \in \{0°, 45°, 90°, 135°\} \end{cases}$$

(3-6)

分别把每一类 (亮度、色度、方向) 归一化后的特征图在第 4 级 ($\sigma = 4$) 相加，得到对应于 3 类特征的显著图。

$$\begin{cases} \bar{I} = \overset{4}{\underset{c=2}{\oplus}} \overset{c+4}{\underset{s=c+3}{\oplus}} N(I(c, s)) \\ \bar{C} = \overset{4}{\underset{c=2}{\oplus}} \overset{c+4}{\underset{s=c+3}{\oplus}} (N(RG(c, s)) + N(BY(c, s))) \\ \bar{O} = \underset{\theta \in (0°, 45°, 90°, 135°)}{\sum} \overset{4}{\underset{c=2}{\oplus}} \overset{c+4}{\underset{s=c+3}{\oplus}} N(O(c, s, \theta)) \end{cases}$$

(3-7)

其中 $\oplus$ 表示特征图之间的求和运算 (插值相加)，$N(\cdot)$ 表示归一化操作。求和时先把特征图向下采样到第 4 级，再逐点求和。

接下来进行特征整合，通过对各特征显著图进行加权相加，综合所有特征的显著性，就得到最终的显著图。

$$S = w_i N(\bar{I}) + w_c N(\bar{C}) + w_o N(\bar{O})$$

(3-8)

在进行特征整合的时候，各特征显著图的权值不容易确定。Itti 提出了四种计算权值的方法：直接相加法、有监督的学习法、全局加强法和局部迭代法，并给出了相应的实验比较分析。其中局部迭代法效果较好，但是迭代次数不好确定，计算复杂度较高。Dirk Walther 对 Itti 的特征整合策略进行了改进，选择对总的显著图贡献最大的特征显著图引导注意焦点的选择。

(3) 注意焦点选择和转移。获得显著图后，利用一个胜者全取神经网络 (Winner-Take-All) 来计算注视点并控制注视焦点转移，用一个固定大小的圆来表示注视区域。在注视点转移过程中要考虑的一个机制是返回抑制，即已经获得注视的区域下次将不再参与竞争。

这种视觉注意计算模型的不足之处主要表现在：在计算显著性时对所

有的输入图像采用相同的 9 层金字塔结构，没有考虑输入图像分辨率的不同，并且计算量较大；将尺度竞争和特征竞争放到一起，没有考虑两种竞争的区别；采用中央-四周运算得到的显著图能够反映出显著点位置，却不能反映出整个显著区域的情况，从而使得注视区域的大小和形状不容易确定；采用固定半径的圆形区域作为注视区域，有时可能包含过多的背景区域，有时却不能包含完整的注视目标信息。

Itti 视觉注意计算模型提出之后，得到了广大研究者的广泛关注。许多学者主要针对其不足之处进行研究，提出一些改进的方法来提高其性能，并将其应用到目标检测、图像检索和计算机视觉等领域。Woong-Jae Won 等人在 Itti 模型的基础上提出一种用于人脸检测的视觉注意计算模型，提取亮度、颜色和形状特征，经过中央-四周运算和独立主分量分析，得到显著图，利用一个 Fuzzy ART 网络进行焦点选择和转移，将其应用于人脸检测任务中取得不错的效果。Dirk Walther 针对模型中的特征整合问题和注视区域大小和形状的确定进行改进，提出利用对显著性贡献最大的特征显著图，并采用简单的阈值分割方法获得任意形状和大小的注意区域。张国敏等人针对模型计算复杂度较高的问题，利用图像的近似高斯金字塔，采用矩形窗口近似圆形窗口，用矩形平均算子近似高斯卷积核，将 Itti 模型改造为时空开销更小的版本，使其适合于嵌入式实时系统中。

3.2.2 基于特征对比度的显著性计算方法

这类模型中比较有代表性的是 Yu-fei Ma 在 2003 年提出的基于对比度和模糊增长的视觉注意计算模型。其模型结构如图 3-2 所示。

这个计算模型重点研究自下而上的视觉注意，同时结合人脸检测任务对自上而下的注意过程进行了简单的研究。该模型认为图像中一个像素的显著性不在于其特征值的大小，而在于其特征值与周围领域特征值的对比，特征对比越大则该像素越显著。在早期特征提取阶段，该模型只考虑颜色特征，将图像从 RGB 颜色空间转换为 LUV 空间，进行颜色量化。为了处理简单，将输入图像调整到一个固定的尺寸。利用式（3-9）计算每个像素与其周围邻域的颜色特征对比度，得到像素的显著性值，将各像素的显著值调整到 [0, 255]，即可得到显著图。

$$C_{i,j} = \sum_{q \in \Theta} d(p_{i,j}, q) \tag{3-9}$$

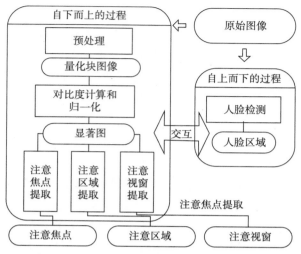

图 3-2　基于特征对比的视觉注意计算模型框架

其中，Θ 表示像素 $p_{i,j}$ 的邻域，d 表示两个像素的颜色特征之间的距离。

接下来的处理过程包括 3 个阶段：注意焦点（Attended Points）提取、注意区域提取（Attended Area）和注意视窗（Attended View）提取。首先根据显著图利用和 Itti 模型中同样的方法提取具有局部极大值的显著点，得到注意焦点的集合；以这些注意焦点为种子点，利用模糊增长的方法获得注意区域；最后根据格式塔法则，选择以显著图的质心位置为注意中心（Attention Center）的一个矩形区域作为注意视窗。

该模型通过计算像素与其邻域的颜色特征对比来进行显著性度量，不同的邻域大小对显著值的影响很大，而该模型并没有给出具体的选择方法；为了计算简单，该模型没有考虑图像尺度对显著性的影响，将所有图像调整到同一尺寸；同时，该方法只考虑了颜色特征，在颜色特征对比明显的图像中比较适合，而在颜色特征不是显著特征的图像中就不太适合。一些研究者在此基础上进行研究，Achanta 提出对每个像素根据不同大小的邻域来计算显著性，但不调整图像的尺寸，而是利用原始尺寸进行计算。另外，这类模型计算像素相对于其某个大小邻域的显著性，可以认为是基于局部特征对比的显著性度量，得到的显著区域容易集中在变化比较强烈的边缘部分或者比较复杂的背景区域。因此，一些研究工作者提出需要考虑像素的全局显著性，而不应该是局部特征对比。

张鹏在他的博士论文中提出一种用于图像处理的视觉注意计算模型，

其结构如图 3-3 所示。

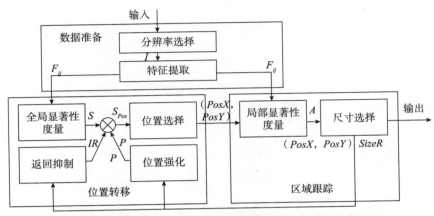

图 3-3 基于全局特征对比的视觉注意计算模型框架

这个模型通过计算每个像素与整幅图像的全局视差来获得该像素的显著值，生成显著图。根据显著图选择局部极大值点作为注意焦点，根据注意焦点的局部复杂性计算注意区域的大小，结合抑制返回和位置增强原则进行注意焦点转移。

Cheng 提出一种基于全局对比度和空间一致性的视觉显著性计算模型，与基于局部对比度的方法相比，得到的显著性结果更准确。文中提出两个尺度的显著性计算方法：基于像素的和基于区域的。基于像素的显著性计算中，每一个像素的显著性值是由它与图像中所有其他像素的颜色差异来确定的，得到全分辨率显著性图像；基于区域的显著性计算中，先将图像分割成小区域，采用的分割方法是基于图的分割，基本分割思想是将每一个像素点作为无向图的顶点，两个像素点之间的不相似度作为边的权重，要求连接相同区域内的两个顶点的边的最大权重要小于连接不同区域的边的最小权重，在迭代过程中进行顶点归纳与区域合并，每个区域的显著性值由它与其他所有区域的空间距离和区域像素数加权的颜色差异来确定；空间距离为两个区域重心的欧式距离，较远的区域分配较小的权值。

3.2.3 基于信息论的显著性计算方法

这类模型从信息论的观点来度量图像中各部分的显著性。图像信号可以看作一个二维随机信号场，一幅有意义的图像，其像素值之间的空间结构必须满足一定的条件，所以显著的图像块具备一定的局部复杂性，这构成了利用局部复杂性度量显著性的基础。Gilles 将显著性定义为局部复杂性或不可预期性，利用灰度直方图作为描述模型，通过研究发现，其中有一定知觉意义的图像块表现出比较平坦的分布特征，反之则成峰状分布，如图 3-4 所示（来自文献［77］）。Gilles 使用香农的信息熵作为显著性的度量函数，图像中的显著区域会表现出比较均匀的直方图分布以及高熵值。

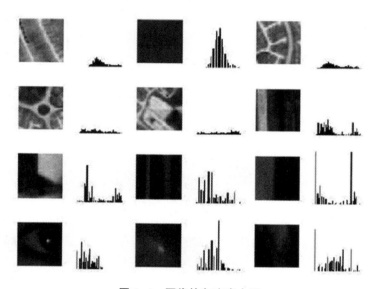

图 3-4　图像块灰度直方图

　　Gilles 方法的一个不足之处就是在一个固定的图像尺度下度量显著性，而实际上人类视觉系统在处理视觉信息时是利用多尺度表示和分析的。M. Jaersand 在 1995 年给出一个模型，首先选择一种图像描述，如灰度或方向图，然后建立其尺度空间表示。通过计算相邻尺度图像间的 Kulblack 距离函数，该函数在空间维上集中就可以用来确定当前图像中物体的最佳尺度，在尺度维上集中就可以用来建立一个基于信息量度量的显著图来引导注意。

　　T. Kadir 于 2002 年在他的博士论文中讨论了尺度、显著性和场景描述的问题，以灰度图作为图像的描述模型，然后建立起尺度空间描述，在特征空间和尺度空间同时进行显著性度量。用香农信息熵作为特征空间的显著性度量函数，用相邻尺度间的差分作为尺度空间的显著性度量，选择使得局部熵最大时的尺度为最佳尺度，从而完成对图像的显著性度量。

3.2.4 基于物体的显著性计算方法

以上几种方法都是基于空间的观点，认为视知觉的基本单元是点的颜色、亮度、边缘和朝向等局部特征，局部特征经过整合得到显著图，显著图中可能含有多个局部极大值点，通过竞争机制选出全局最显著的点，注意的组织单元就是以显著点为中心，面积为采样窗大小的空间区域。目前越来越多的心理学行为实验结果支持了基于物体的视觉注意，一些研究者开始进行基于物体的视觉注意计算模型的研究。典型的基于物体的视觉注意计算模型是 Sun 的 Hierarchical Object-based Attention Model（HOAM）模型，其结构如图 3-5 所示（来自文献 [78]）。

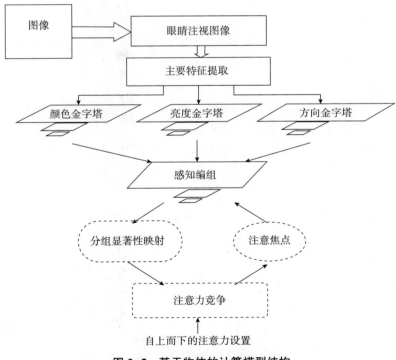

图 3-5 基于物体的计算模型结构

该模型提取亮度、颜色和方向等特征，形成多层的特征图金字塔，在每一层上计算亮度特征显著图、颜色特征显著图和方向特征显著图，并将这些特征显著图进行整合，得到每一层的显著图；同时对每一层的图像进行知觉编组，得到物体或物体组，每一层都有一个编组结果，并结合各层的显著图计算每个物体的显著性；采用分层的注意焦点选择和转移方法，更符合人类视觉注意机制。首先从具有最粗分辨率的一层图像开始，选择最显著的物体作为第一个注意焦点，该物体获得注意后，焦点转移到物体内部，在其内部子编组之间进行焦点选择和转移，重复这个过程直到所有的物体及其内部均已获得注意。

基于物体的视觉注意计算模型首先要提取感知物体，文献［78］假设物体编组事先已经完成，因此文中并没有给出具体的感知物体的定义和提取方法。在文献［79］中 Sun 采用基于边缘和区域合并的方法首先对图像进行分割，分割结果作为物体编组结果。在进行物体的显著性度量的时候，直接根据预先计算生成的显著图计算各物体的显著性，没有考虑到随着注意焦点的变化，视觉显著图也会随之发生变化。

王璐等对灰度图像利用均匀性来提取感知物体，提出一种基于感知物体的注意计算模型用于场景分析，但是该模型没有考虑其他视觉特征，同时物体内部并不一定均匀。

邹琪等研究利用多尺度分析和编组的基于物体的视觉注意计算模型，在多个尺度下提取图像的边缘，对重要边缘进行编组得到物体的轮廓；物体的显著性由边缘的重要性、物体内部区域与外部区域的对比度和轮廓的闭合程度等因素构成；各感知目标按显著程度递减排序后，注意焦点在各物体之间转移。

邵静等首先计算图像中每个像素的显著性，选取显著性最大的点作为种子点，根据图像的固有维度定义能量函数和同质性测度，结合区域增长的方法提取感知物体，采用文献［78］中给出的方法计算物体的显著度，按照显著程度递减的顺序进行注意焦点转移。

文献［84］提出一种基于多尺度分析和最小夹角物体闭合轮廓提取方法，同时结合基于视觉熵的显著性度量结果，提取感知物体，作为视觉注意的基本单元，采用视觉注意中的抑制返回机制，实现视觉注意单元的转移。文献［85］和［86］提出一种有指向性的目标的视觉注意计算模型，模型基于最大梯度边缘检测算法和 c-均值聚类算法提取目标轮廓，同时假设指向性目标的信息已存在于知识库中，利用知识库中的内容指导注意焦点的转移。

3.2.5 基于机器学习的显著性计算方法

视觉显著性检测可以看作一个二分类问题，因此机器学习中的分类算法可以应用到视觉显著性计算中。

Liu 等在 2007 年提出一种基于条件随机场的图像视觉显著性检测模型。该模型首先计算基于高斯图像金字塔的多尺度特征对比度的特征图、计算基于区域直方图的中央-四周差异特征图，以及基于高斯混合模型的图像的颜色分布特征图；接下来，利用条件随机场对前期计算得到的三种特征图进行特征融合，生成最终的视觉显著图。Jiang 等在 2013 年提出一种利用随机森林算法进行显著性检测的方法，将图像显著性检测问题定义为回归问题，首先对图像进行多尺度分割，并提取每个区域的 RGB 颜色特征和 HSV 颜色特征以及图像的边界特征。然后利用随机森林回归算法在训练集上进行学习，完成训练后在每一个尺度下，对测试图像的每个区域进行预测，获得相应的显著值；最后，多尺度融合得到最终的显著图。文献［89］提出一种基于多核 Boosting 自适应融合的图像显著性检测模型。该模型首先提取区域级的特征，包括区域自身特征信息、区域特征的方差及区域特征对比度等；然后，将显著性检测看作回归问题，利用多核 Boosting 算法生成辅助性显著性图；最后，引入质量评价准则，将辅助性显著性图和利用已有模型生成的初始显著性图进行自适应融合获得最终的显著性图。

随着深度学习算法的出现和快速发展，国内外研究人员提出了基于深度学习的显著性计算模型。

Li 等于 2015 年提出一种基于深度卷积网络的视觉显著性检测模型，如图 3-6 所示（该图来自文献［90］）。首先，从三个尺度（区域自身、区域邻域和整幅图像）对图像进行多尺度特征提取，然后，串联三种不同尺度的特征信息作为当前区域的特征表示。接着，利用区域的特征表示进行全连接深度网络训练，并对输入的测试区域进行显著性预测。最后，利用多尺度融合获得最终的显著性图。

Zhao 等在 2015 年提出一种基于局部和全局上下文信息的深度学习显著性检测模型，如图 3-7 所示（来自文献［91］）。该模型首先对图像进行区

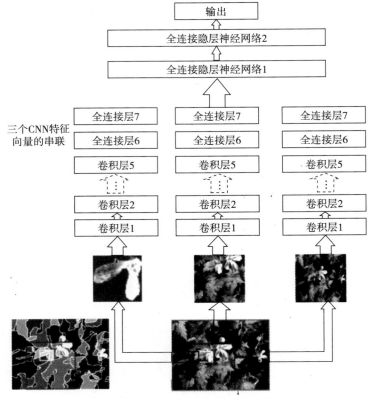

图 3-6　基于深度学习的计算模型

域分割，以每一个区域为中心，分别构建尺寸为整幅图像和尺寸为整幅图像三分之一大小的两个矩形窗口。然后，将这两个窗口进行归一化（大小为227×227），并分别输入到全局上下文网络和局部上下文网络。最后，将全局上下文网络的输出和局部上下文网络的输出串接，输入到全连接深度网络进行显著性预测，得到最终的显著性图。

　　基于 CNN 深度网络的显著性检测方法获得的显著图是区域级别的而不是像素级别的，因此显著图比较模糊，尤其是显著目标边缘部分。Li 等提出一种端到端的深度对比网络来克服这些问题，如图 3-8 所示（来自文献[92]）。该网络包括两个部分，其中一个是多尺度全连接网络 MS-FCN，输入原始图片直接产生一个像素级的显著图，MS-FCN 不仅能产生不同尺度的语义特征，还能通过多尺度特征图捕捉微妙的视觉对比来进行显著性预测。另一个是区域级的空域池化网络，产生区域（超像素）级别的显著图。

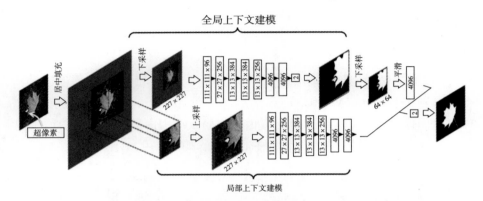

图 3-7　基于全局和局部上下文的深度学习显著性计算模型

最后把这两个结果融合，得到最终的显著图。

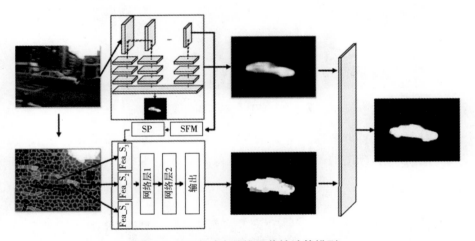

图 3-8　深度对比网络显著性计算模型

3.3　视觉显著性计算方法评价

为了视觉显著性计算模型进行评价，需要在一些标准数据集上进行实验，同时针对一些评价指标进行比较。

3.3.1　基准数据集

视觉显著性检测数据集主要有：

（1）ASD（MSRA－1000）数据集（文献［72］）。ASD 数据集包含 1000 张图像和与其对应的二值化真值图，场景结构简单，每一张图像中包含一个显著目标并且分布在图像的中心区域，如图 3-9 所示。

图 3-9　ASD 数据集部分图像

（2）THUS10000 数据集（文献［74］）。THUS10000 数据集包含 10000 张带有矩形边界标记的图像，将其进行像素级标记得到二值化真值图，如图 3-10 所示。

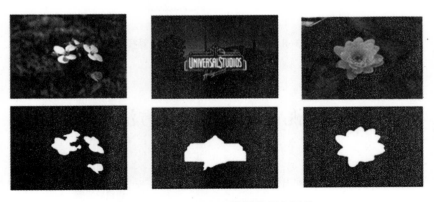

图 3-10　THUS10000 数据集部分图像

（3）ECSSD 数据集。ECSSD（文献［93］）包含 1000 幅图像和其像素级显著性标记真值图，其结构场景比 ASD 数据集复杂，前景目标相对于背景并不特别显著，如图 3-11 所示。

图 3-11　ECSSD 数据集部分图像

（4）SED 数据集。SED 数据集（文献［94］）中的图像场景更加复杂，显著目标分布没有规律，面积大小差异较大，一些图像中包含多个显著目标，因此，SED 数据集更具挑战性，如图 3-12 所示。

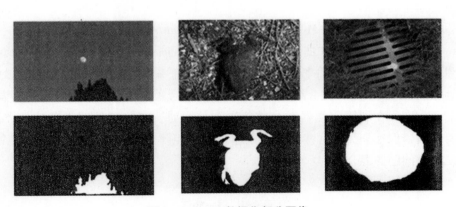

图 3-12　SED 数据集部分图像

（5）DUT-OMRON 数据集。DUT-OMRON 数据集（文献［95］）包含 5168 幅图像，每幅图像都提供有注视点、边框和像素级显著性标记的真值图像。图像中背景区域比较复杂，含有一个或多个显著目标，如图 3-13 所示。

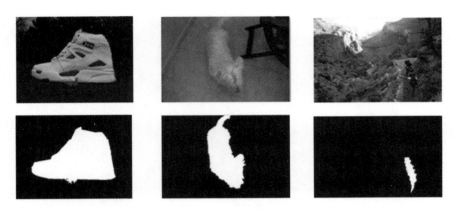

图 3-13 DUT-OMRON 数据集部分图像

3.3.2 评价指标

视觉显著性检测结果的评价方法主要有两种不同的方式：主观评价和定量评价。主观评价方法通过图像的直观观察，对视觉显著性检测结果进行主观的评价；定量评价方法则通过一些评价指标对视觉显著性检测结果进行定量的评价和比较。视觉显著性检测结果的评价指标主要有 PR（Precision-Recall）曲线、F-Measure 值和 MAE（Mean Absolute Error）值。

（1）PR 曲线。PR 曲线就是以准确率 Precision 和召回率 Recall 作为变量作出的曲线，以召回率作为横坐标轴，准确率作为纵坐标轴。为了更好地描述 PR 曲线，首先介绍以下几个概念：混合矩阵、正确的正例率和错误的正例率。在利用分类器对测试集进行分类时，有些实例被正确地分类，有些被错误地分类，这些信息可以通过混合矩阵表示出来。表 3-1 是一个二分类问题的混合矩阵示例。

表 3-1 混合矩阵

		预测类别	
		+	−
实际类别	+	正确的正例（TP）	错误的负例（FN）
	−	错误的正例（FP）	正确的负例（TN）

混合矩阵的主对角线上分别是被正确分类的正例的个数（TP）和被正确分类的负例的个数（TN），次对角线上分别表示被错误分类的正例的个数（FP）和被错误分类的负例的个数（FN）。准确率和召回率可以通过式（3-10）计算得到。

$$\begin{cases} Precision = \dfrac{TP}{TP + FP} \\ Recall = \dfrac{TP}{TP + FN} \end{cases} \qquad (3\text{-}10)$$

准确率与召回率的取值范围在 0 到 1 之间，一般来说准确率越高越好，召回率最好也接近于 1，实际情况却很难保证如此。如果强调准确率，则召回率就会降低；如果追求召回率高，则会影响准确率。因此，我们需要找到一个平衡点，使得准确率和召回率都能够满足使用的要求，可以通过 PR 曲线来对其进行分析。

（2）F-Measure。在视觉显著性检测中，准确率指的是显著性检测算法预测的显著像素占真正显著区域面积的比值，召回率则是指图像中的显著的区域可以被检测出的可能性。理想情况下，准确率和召回率应该都有较大的值，而实际情况是，在提升准确率时，召回率会下降，反之亦然。因此，我们必须对准确率和召回率进行综合分析，从而更加全面地评估显著性检测结果。$F - Measure$ 用来对查全率和查准率进行综合考虑，其计算方法如式（3-11）所示。式中的 β 用来决定准确率和召回率的影响程度，当 β 增加的时候，准确率的影响增大。

$$F_{\beta} = \frac{(1 + \beta^2) Precision \times Recall}{\beta^2 \times Precison + Recall} \qquad (3\text{-}11)$$

（3）平均绝对误差 MAE。准确率和召回率只考虑了图像中的目标点，对于一些能够将目标点分配更高显著值的算法在这两个指标上能够取得较好的结果。但是，准确率和召回率没有考虑图像中的非目标点（背景）的显著性，因此并不能全面地衡量显著性检测结果的好坏。因此，平均绝对误差（Mean Absolute Error，MAE）被用来作为评价显著性检测结果的另一种方式，其计算方法如式（3-12）所示，S 和 GT 表示归一化到 [0，1] 范围内的显著图和真值图。

$$MAE = \frac{1}{M \times N} \sum_{x=1}^{M} \sum_{y=1}^{N} |S(x, y) - GT(x, y)| \qquad (3\text{-}12)$$

平均绝对误差是图像中每个像素点的显著值与真值图像中像素点显著值的偏差的绝对值的平均值，因为采用绝对值的形式，都是非负数从而不存在相互抵消的情况，所以 MAE 可以有效地反映显著性计算结果的误差。

3.4　本章小结

视觉显著性检测是模拟人类视觉系统检测图像中的显著区域（感兴趣区域）的过程，分为自底向上数据驱动的显著性检测和自顶向下任务驱动的显著性检测。本章首先介绍了视觉显著性和显著性检测的概念，然后对现有的自底向上的显著性计算模型进行了介绍，最后介绍了视觉显著性检测结果评价的基准数据集和评价指标。

4 基于特征对比度的视觉显著性计算模型

4.1 引 言

视觉注意是人类信息加工过程中的一项重要的调节机制，在视觉注意机制的帮助下，人类视觉系统能够处理大量的输入信息并及时地做出反应。人类的视觉感知过程是并行的，而视知觉过程的信息处理方式是串行的，视感觉所提供的信息量远远大于视知觉所能处理的信息量，视觉注意机制就是二者之间的桥梁，从视感觉所提供的输入信息中选取重要的感兴趣的内容，提供给视知觉做进一步的分析处理。

视觉选择性是视觉注意的一项重要功能，它表现为观察者从一个复杂的视觉场景中选择一个重要的内容进行集中处理，而忽略其他不太重要的内容。视觉场景中某些内容比其他内容更能获得观察者的注意，我们称它们具有更高的视觉显著性（Visual Saliency）。一些学者从研究图像中各像素与其周围邻域的特征差异的角度来计算像素的视觉显著性。Itti 在其经典的视觉注意计算模型中采用的显著性度量方法就是基于像素与其周围邻域的局部视觉特征差异的。在该模型中，首先对输入图像的各种早期视觉特征图采用 9 层高斯金字塔进行多尺度表示，然后在不同尺度的特征图之间做 Center-Surround 运算，得到各个尺度的特征视差图，最后对这些特征视差图做合并运算，即可得到特征显著图。该方法对所有的图像均采用相同的高斯金字塔结构，没有考虑图像分辨率的影响，同时这种计算视觉显著性的方法计算量较大。

Ma 等在 2003 年提出一种基于特征对比的显著性检测方法，该方法只考虑颜色特征，将输入图像从 RGB 颜色空间转换为 LUV 空间，进行颜色量化。为了处理简单，将输入图像调整到一个固定的尺寸。计算像素与其周围邻域的颜色特征对比度，得到该像素的显著性值，将各像素的显著值调整到 [0，255]，即可得到显著图。该方法的难点在于领域大小的确定，不同的邻域大小对于显著性的影响很大，而该方法并没有给出具体的选择方法。Achanta 对其进行了改进，提出对每个像素根据不同大小的邻域来计算显著性，但不调整图像的尺寸，而是利用原始尺寸进行计算。

除了以上介绍的典型的视觉显著性检测方法之外，一些研究者也从不同的角度进行研究。Hou 等在 2008 年提出了一种基于谱残差的显著性度量方法，该方法在频域上分析显著区域的特征，在空间域上构建显著图。相对于其他方法来说，该方法计算简单，效率较高，但是只考虑了图像的亮度特征，对于一些亮度不是显著特征的图像来说并不适合。另外，该方法仅在一个固定的尺度下进行显著性度量，忽略了图像尺度对视觉显著性的影响。

文献 [43] 和文献 [99] 提出基于区域的显著性计算方法，认为区域是介于像素和物体之间的感知单元，比像素包含更多的特征信息，又比物体容易定义和提取。首先利用一定的方法得到图像中不同的区域，然后根据每个区域的位置因素和特征对比等度量其显著性。Hu 等利用子空间分析的方法来计算图像中区域的显著性，从全局的角度考虑区域的特征对比和区域内部的相似性，消除误导的高对比度的边缘显著信息，但是该方法需要估计子空间的数量和方向，而且计算量较大。Liu 等提出利用学习的方法来计算视觉显著性，在一定程度上解决了现有方法存在的一些问题，但是该方法需要在大量的图像上进行学习训练才能获得较好的效果。

4.2　基于特征对比度的视觉显著性计算模型

4.2.1　计算模型框架

本章提出一种基于特征对比度的视觉显著性检测计算模型，从以下三个方面来计算图像内容的视觉显著性，如图 4-1 所示。

（1）局部特征对比度，计算图像中每个像素相对于其周围相邻区域的显著性；

（2）全局特征对比度，计算图像中每个像素相对于整幅图像的显著性；

（3）稀少性度量，计算图像中每个像素的特征的稀少程度，同时结合该特征的空间分布情况，作为显著性的一个衡量因素。

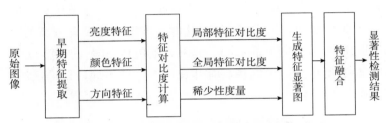

图 4-1　基于特征对比度的视觉显著性计算模型框架

算法：

输入：图像 I；

输出：视觉显著性计算结果（显著图）SM。

过程：

步骤 1：提取输入图像 I 的亮度特征和颜色特征；

步骤 2：利用 Gabor 滤波器，对亮度特征图进行卷积得到四个方向特征图；

步骤 3：对得到的亮度特征图、颜色特征图和方向特征图，计算局部特征对比度，得到各特征图的局部显著图；

步骤 4：对得到的亮度特征图、颜色特征图和方向特征图，计算全局特征对比度，得到各特征图的全局显著图；

步骤 5：对得到的亮度特征图、颜色特征图和方向特征图，计算稀少显著性，得到各特征图的稀少性显著图；

步骤 6：特征显著图选择；

步骤 7：对得到的亮度特征显著图、颜色特征显著图和方向特征显著图分别计算其权值，进行特征整合，得到最后的综合显著图 SM。

4.2.2　早期特征提取

视觉显著性是由视觉场景中各部分内容的视觉刺激产生的视觉反差引起的，当某个区域能够产生新颖的、与众不同的或者观察者所期待的某种刺激时，该区域更能引起观察者的注意。视觉刺激是通过各种视觉特征描述的。Treisman、Julesz 等通过实验研究指出，当某个区域所具有的一些视觉特征与其他区域能够产生较强的对比时，该区域就具有较高的视觉显著性，能够迅速"跳出"（Pop-out），这些特征包括亮度、颜色、方向和形状等。如图 4-2 所示，图中那些具有和其周围区域不同特征的区域更显著，更能获得观察者的注意。

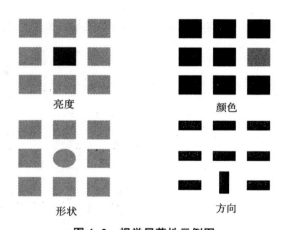

图 4-2　视觉显著性示例图

本章采用人眼比较敏感的颜色、亮度和方向三类经过验证的早期视觉特征来引导注意。

（1）颜色特征。颜色特征是图像的一种全局特征，一般是基于像素点的。在图像处理中常用的颜色空间有 RGB 颜色空间、HSI 颜色空间和 YUV 颜色空间等。

几乎所有的彩色成像设备和彩色显示设备都采用 RGB（Red，Green，Blue）三基色，数字图像文件的常用存储形式，也以 RGB 三基色为主，由 RGB 三基色为坐标形成的空间称为 RGB 彩色空间。根据色度学原理，自然界的各种颜色光都可由红、绿、蓝三种颜色的光按照不同的比例混合而成。

同样，自然界的各种颜色光都可分解成红、绿、蓝三种颜色光，所以将红、绿、蓝三种颜色称为三基色。图 4-3 所示是 RGB 三基色合成其他颜色的典型例子和 RGB 彩色空间以及基色间的关系。当 RGB 三基色以等比例或等量进行混合时，可以得到黑、灰或白色，而采用不同比例进行混合时，就得到千变万化的颜色。

但是，RGB 彩色空间存在以下不足：

①RGB 空间用红、绿、蓝三基色的不同比例定义不同的色彩，因而不同的色彩难以用精确的数值定义，定量分析比较困难。

②RGB 空间中，彩色通道之间的相关性较高，合成图像的饱和度偏低，色调变化较小，图像的视觉效果较差。

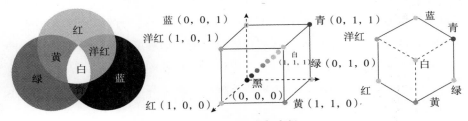

图 4-3 RGB 彩色空间

③人眼只能够通过感知颜色的亮度、饱和度和色调来区分物体，不能够直接感知红、绿、蓝三色的比例。色调和饱和度与红、绿、蓝三色的关系是非线性的，因此在 RGB 空间中对图像进行分析处理，难以控制结果。

另一种常用的彩色空间是 HSI（Hue，Saturation，Intensity）模型。采用色调和饱和度来描述颜色，是从人类的色视觉机理出发提出的。色调 Hue 表示颜色，颜色与彩色光的波长有关，将颜色按红、橙、黄、绿、青、蓝、紫顺序排列定义色调值，并且用角度值（0°~360°）来表示。例如红、黄、绿、青、蓝、洋红的角度值分别为 0°、60°、120°、180°、240° 和 300°。饱和度 Saturation 表示色的纯度，也就是彩色光中掺杂白光的程度。白光越多饱和度越低，白光越少饱和度越高且颜色越纯。饱和度的取值采用百分数（0%~100%），0% 表示灰色光或白光，100% 表示纯色光。强度 Intensity 表示人眼感受到彩色光的颜色的强弱程度，它与彩色光的能量大小（或彩色光的亮度）有关，因此有时也用亮度 Brightness 来表示。

通常把色调和饱和度统称为色度，用来表示颜色的类别与深浅程度。

人类的视觉系统对亮度的敏感程度远强于对颜色浓淡的敏感程度，对比 RGB 彩色空间，人类的视觉系统的这种特性采用 HSI 彩色空间来解释更为适合。

HSI 颜色空间可以用圆锥体进行可视化表示，如图 4-4 所示。用绕圆锥中心轴的角度表示色调，从圆锥的横截面的圆心到这个点的距离表示饱和度，亮度被表示为从圆锥的横截面的圆心到顶点的距离。圆锥的顶面对应于 I＝1，它包含 RGB 颜色空间中的 R＝1、G＝1、B＝1 三个面，因此所代表的颜色较亮。色调 H 由绕 I 轴的旋转角表示，红色对应于角度 0°，绿色对应于角度 120°，蓝色对应于角度 240°。在圆锥的顶点处，I＝0，H 和 S 无定义，代表黑色。圆锥的顶面中心处 S＝0，I＝1，H 无定义，代表白色。

HSI 彩色描述对人来说是自然的、直观的，符合人的视觉特性，HSI 模型对于开发基于彩色描述的图像处理方法也是一个较为理想的工具，例如在 HSI 彩色空间中，可以通过算法直接对色调、饱和度和亮度独立地进行操作。采用 HSI 彩色空间有时可以减少彩色图像处理的复杂性，提高处理的快速性，同时更接近人对彩色的认识和解释。因此，本书采用 HSI 彩色空间来描述图像的颜色和亮度信息。

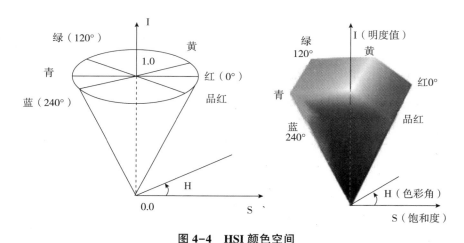

图 4-4　HSI 颜色空间

将输入图像从 RGB 空间转换到 HSI 空间，便可得到本书需要的颜色特征和亮度特征，图 4-5 为输入图像的亮度特征、饱和度特征和色调特征提取示例。

（2）方向特征。在 1.2.1 节介绍视觉注意机制的生物学基础时曾经提

原始图像   亮度特征图

色调特征图   饱和度特征图

图 4-5 图像亮度、颜色特征提取

到，视觉信息从视网膜开始，经由外侧膝状体到达初级视觉皮层。大量的实验证明，外侧膝状体细胞和视觉皮层细胞具有一定的方向选择性。Gabor 滤波器能够很好地模拟初级视觉皮层中具有方向选择性的简单细胞的感受野，常被用来提取方向特征。本章实验中采用的二维 Gabor 滤波器的计算公式为：

$$\begin{cases} G(x, y) = g(x_0, y_0)cos(2\pi f x_0) \\ g(x_0, y_0) = e^{(-\frac{x_0}{2\sigma_x^2} - \frac{y_0}{2\sigma_y^2})} \\ x_0 = x\cos\theta + y\sin\theta \\ y_0 = y\cos\theta - x\sin\theta \end{cases} \tag{4-1}$$

其中，θ 为 Gabor 滤波器的朝向，σ_x 和 σ_y 分别为 x 轴和 y 轴方向的高斯方差，f 为 Gabor 滤波器的中心频率。

将图像和某个 Gabor 滤波器做卷积运算，可以提取该图像在该滤波器对应的频率和方向上的特征，如图 4-6 所示。图 4-6（a）为原始图像，图 4-6（b）分别是 0°、45°、90° 和 135° 四个方向的 Gabor 滤波器，其中频率 $f=0.4$，$\sigma_x=1$，$\sigma_y=2$。图 4-6（c）是利用这四个滤波器对原始图像滤波之后的结果。

（a）原始图像

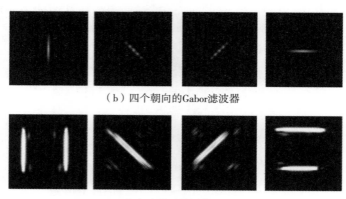

（b）四个朝向的Gabor滤波器

（c）滤波后的图像

图4-6　图像方向特征提取

利用0°、45°、90°和135°四个方向的 Gabor 滤波器对提取的亮度特征图进行滤波，即得到图像的四个方向特征图。

4.2.3　特征对比度计算

4.2.3.1　局部特征对比度计算

图像中一个像素的显著性依赖于它自身的特征与周围环境的差异，如果图像中一个像素是显著的，则它至少有一种特征与其周围环境不同。图像中像素的显著性不是直接根据图像的早期视觉特征产生的，而是根据图像像素之间的视觉特征差异产生的。图像中一个像素与其周围环境的特征差异越大，就越显著。

因此，可以考虑图像中某个像素与其周围相邻区域的特征差异，得到该像素在它的某个局部邻域内的视觉显著性，本章从频域的角度分析图像中各部分的局部视觉显著性，提出一种简单有效的局部特征对比度计算方法。

（1）图像的频域特征。人类视觉系统从外部环境接收到的视觉信息量非常庞大，人类视觉系统的信息处理能力却是有限的，然而人类视觉系统却能够有效地处理这些视觉信息。原因在于外界信息量虽然庞大，却包含有大量的冗余信息，在信息处理的初期阶段，视觉系统首先降低了视觉信息中的冗余，从而使得要处理的信息量与自身的信息处理能力相匹配。因此，要模拟人类视觉系统的工作机制首先要弄清楚外界视觉信息的特性。人们通过研究发现，自然图像具有变换不变性，即自然图像的统计特性并不随着刻画它所使用的坐标系统的变换而发生变化。将图像从原来的空间坐标变换到频率坐标系统后，图像在空间中具有的统计特性在频域中仍然保留。

傅里叶变换是一种正交变换，可以把图像从空间域变换到频率域，把空间域中复杂的卷积运算转换为频率域中简单的乘积运算。图像的傅里叶变换的计算方法如式（4-2）所示：

$$\begin{cases} F(u, v) = \dfrac{1}{M \times N} \sum_{x=1}^{M} \sum_{y=1}^{N} f(x, y) e^{\frac{-j2\pi ux}{M}} e^{\frac{-j2\pi vy}{N}} \\ \quad = |F(u, v)| e^{j\phi(u, v)} \\ |F(u, v)| = [R^2(u, v) + I^2(u, v)]^{1/2} \\ \phi(u, v) = \arctan(\dfrac{I(u, v)}{R(u, v)}) \end{cases} \tag{4-2}$$

其中，$f(x, y)$ 表示像素 (x, y) 的特征值，$M \times N$ 为图像的大小。$|F(u, v)|$ 为傅里叶变换后图像的幅度谱，$\phi(u, v)$ 为图像的相位谱。

利用傅里叶变换将输入图像的某个特征图从空域变换到频域，得到特征图的两种频域特征：幅度谱（amplitude spectrum）和相位谱（phase spectrum）。实验证明，在图像的频域特征中，幅度谱和相位谱在图像重构中的作用不同。

文献中给出了相关的实验证明，如图4-7所示。首先生成一个复数序列 (z_1)，其中所有的幅度值等于1，相位值在 $[-\pi, \pi]$ 之间均匀随机分布，对 (z_1) 进行傅里叶反变换，结果如图4-6第一行所示，反变换后的幅度值和相位值都是随机的。接下来生成另外一个复数序列 (z_2)，其中所有的相位值为0，幅度值随机并且具有和 (z_1) 具有相同的 ℓ_2 范式，对 (z_2) 进行傅里叶反变换，结果如图4-6第二行所示，傅里叶反变换的第一个分量（DC分量）要远大于其余的分量。相同的实验现象在二维信号上也可以发现，如图 4-8 所示。

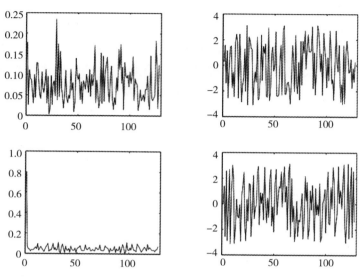

图 4-7　随机幅度谱和随机相位谱的一维信号重构

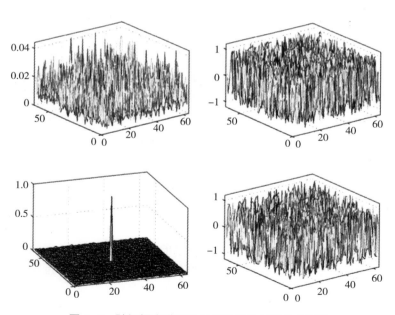

图 4-8　随机幅度谱和随机相位谱的二维信号重构

　　实验表明，信号相位谱的失真会引起重构信号的严重失真，而幅度谱的失真引起的重构信号的失真较小。文献［105］中对幅度谱和相位谱在图像重构中的不同作用给出了相应的统计学解释，指出当信号的幅度谱保持不变，对相位谱随机重置进行信号重构，得到的重构信号会有严重的失真；而如果相位谱保持不变，对幅度谱随机重置进行信号重构，得到的重构信号与原始信号的失真程度则自动控制在一定范围之内，而且这个重构的信号接近于原始信号与一个迪拉克信号的卷积，文中对此进行了证明。

　　给定一个序列 $x = \{x_0, x_1, \cdots, x_{n-1}\}$，$n$ 为正整数，$\hat{x} = \{\hat{x_0}, \hat{x_1}, \cdots, \hat{x_{n-1}}\}$ 为 x 的离散傅里叶变换结果。假设 $m(\hat{x_j})$ 和 $\phi(\hat{x_j})$ 为复数 $\hat{x_j}$ 的幅度和相位。另一个序列 $\bar{x} = \{\bar{x}_0, \bar{x}_1, \cdots, \bar{x}_{n-1}\}$，其傅里叶变换为 $F(\bar{x} = \{\bar{x}_0, \bar{x}_1, \cdots, \bar{x}_{n-1}\}) = \hat{\bar{x}} = \{\hat{x_0}\hat{y_0}, \hat{x_1}\hat{y_1}, \cdots, \hat{x_{n-1}}\hat{y_{n-1}}\}$。$\hat{y} = \{\hat{y_0}, \hat{y_1}, \cdots, \hat{y_{n-1}}\}$ 是一个新的复数序列，用 $y = \{y_0, y_1, \cdots, y_{n-1}\}$ 表示序列 $\hat{y}$ 的反变换，根据傅里叶反变换的特性，则

$$\tilde{x}_k = \sum_{i1+i2 = k \, or \, n+k} x_{i1} y_{i2}, \quad 0 \leqslant k \leqslant n - 1 \tag{4-3}$$

$\hat{\bar{x}}$ 可以看作 $\hat{x}$ 的失真，对 $\hat{x}$ 做傅里叶反变换，我们希望重构的信号接近于原始信号 x。在基于幅度谱的重构中，$\hat{x}$ 的幅度 $m(\hat{x_j})$ 保持不变，相位 $\phi(\hat{x_j})$ 由 y 进行失真；同样地，在基于相位谱的重构中，$\hat{x}$ 的相位 $\phi(\hat{x_j})$ 保持不变，幅度 $m(\hat{x_j})$ 由 y 进行失真。

　　由式（4-3）可知，如果 y 是一个近似迪拉克序列，则在基于相位谱的重构中，重构信号 $\bar{x} = \{\bar{x}_0, \bar{x}_1, \cdots, \bar{x}_{n-1}\}$ 接近于原始信号 $x = \{x_0, x_1, \cdots, x_{n-1}\}$。

　　定理 4-1：给定一个正数集合 $\rho = \{\rho_1, \rho_2, \cdots, \rho_n\}, \rho_i > 0, 1 \leqslant i \leqslant n, \pi_1 = \{\pi_1^1, \pi_2^1, \cdots, \pi_n^1\}$ 和 $\pi_2 = \{\pi_1^2, \pi_2^2, \cdots, \pi_n^2\}$ 为 $\{1, 2, \cdots, n\}$ 的两个随机序列，$s_i = \rho_{\pi_i^1}/\rho_{\pi_i^2}$，则以下结论成立：

　　① $\dfrac{1}{n} \sum_{i=1}^n s_i \geqslant 1$；

　　②如果 $Var(s_i)/n \to 0$，则当 $n \to \infty$ 时，概率上 $\dfrac{1}{n} \sum_{i=1}^n \varepsilon_{i,n} s_i \to 0$。其中，

$\varepsilon_n = \{\varepsilon_{1,n}, \varepsilon_{2,n}, \cdots \varepsilon_{n,n}\}, \varepsilon_{i,n} \in R, 1 \leqslant i \leqslant n$，并且 $\sum_{i=1}^n \varepsilon_{i,n} = 0, \sum_{i=1}^n \varepsilon_{i,n}^2 = n$。

证明：根据算术平均值与几何平均值的不等式，则知①成立：

$$\frac{1}{n}\sum_{i=1}^{n}s_i \geqslant \left(\prod_{i=1}^{n}s_i\right)^{\frac{1}{n}} = 1 。$$

因为 $E(s_i)$ 为常数，则有 $E\left(\frac{1}{n}\sum_{i=1}^{n}\varepsilon_{i,n}s_i\right) = \frac{1}{n}\sum_{i=1}^{n}\varepsilon_{i,n}E(s_i) = 0$，接下来我们有

$$Var(s_i) = E(s_i^2) - [E(s_i)]^2$$

$$= \frac{1}{n^2}\left(\sum_{i=1}^{n}\rho_i^2\right)\left(\sum_{i=1}^{n}\frac{1}{\rho_i^2}\right) - \frac{1}{n^4}\left(\sum_{i=1}^{n}\rho_i\right)^2\left(\sum_{i=1}^{n}\frac{1}{\rho_i}\right)^2 \tag{4-4}$$

当 $i \neq j$ 时，$Cov(s_i,\ s_j) = E(s_is_j) - E(s_i)E(s_j)$

$$= E(s_is_j) - \frac{1}{n^4}\left(\sum_{i=1}^{n}\rho_i\right)^2\left(\sum_{i=1}^{n}\frac{1}{\rho_i}\right)^2 \tag{4-5}$$

令 $S = \sum_{i=1}^{n}\rho_i$，$I = \sum_{i=1}^{n}\frac{1}{\rho_i}$，则有

$$E(s_is_j) = \frac{1}{[n(n-1)]^2}\sum_{i=1}^{n}\rho_i(S - \rho_i)\sum_{i=1}^{n}\frac{1}{\rho_i}\left(I - \frac{1}{\rho_i}\right)$$

$$= \frac{1}{n^2(n-1)^2}\left[S^2 - \sum_{i=1}^{n}\rho_i^2\right]\left[I^2 - \sum_{i=1}^{n}\frac{1}{\rho_i^2}\right]$$

$$= \frac{1}{n^2(n-1)^2}S^2I^2 + \frac{1}{n^2(n-1)^2}\sum_{i=1}^{n}\rho_i^2\sum_{i=1}^{n}\frac{1}{\rho_i^2}$$

$$- \frac{1}{n^2(n-1)^2}S^2\sum_{i=1}^{n}\frac{1}{\rho_i^2} - \frac{1}{n^2(n-1)^2}I^2\sum_{i=1}^{n}\rho_i^2$$

因为 $n \cdot \sum_{i=1}^{n}\frac{1}{\rho_i^2} \geqslant I^2$，并且 $n \cdot \sum_{i=1}^{n}\rho_i^2 \leqslant S^2$，则有

$$E(s_is_j) \leqslant \frac{1}{n^2(n-1)^2}\sum_{i=1}^{n}\rho_i^2\sum_{i=1}^{n}\frac{1}{\rho_i^2} + \frac{n-2}{n^3(n-1)^2}S^2I^2 \tag{4-6}$$

根据式（4-4）、式（4-5）、式（4-6），得出

$$Cov(s_i,s_j) \leqslant \frac{1}{n^2(n-1)^2}\sum_{i=1}^{n}\rho_i^2\sum_{i=1}^{n}\frac{1}{\rho_i^2} - \frac{1}{n^4(n-1)^2}S^2I^2 = \frac{1}{(n-1)^2}Var(s_i)$$

$$\tag{4-7}$$

$$Var\left(\frac{1}{n}\sum_{i=1}^{n}\varepsilon_{i,n}s_i\right) = \frac{1}{n^2}\left[\sum_{i=1}^{n}\varepsilon_{i,n}^2Var(s_i) + \sum_{i\neq j}\varepsilon_{i,n}\varepsilon_{j,n}Cov(s_i,s_j)\right] \leqslant$$

$$\frac{Var(s_i)}{n^2}\big[n + \sum_{i \neq j} \frac{\varepsilon_{i,n}\varepsilon_{j,n}}{(n-1)^2}\big]$$

因为，$\sum_{i \neq j} \varepsilon_{i,n}\varepsilon_{j,n} < (\sum_{i=1}^{n}|\varepsilon_{i,n}|)^2 \leqslant n \cdot \sum_{i=1}^{n}\varepsilon_{i,n}2 = n^2$，则有

$$Var(\frac{1}{n}\sum_{i=1}^{n}\varepsilon_{i,n}s_i) < \frac{Var(s_i)}{n^2}\big[n + \frac{n^2}{(n-1)^2}\big] < \frac{2}{n}Var(s_i) \to 0, n \to \infty,$$

证毕。

在定理 4-1 中，s 可以看作对幅度谱 ρ 上的失真。结论①表明对 s 进行傅里叶反变换得到的 DC 分量趋向于一个不小于 1 的正数；结论②表明其他分量非常小并且概率上收敛于 0。定理 4-1 中假设 $Var(s_i)/n \to 0$，实际上如果幅度 ρ_i 有界，则 $Var(s_i)/n$ 收敛于 0，如定理 4-2 所描述。

定理 4-2：如果 $0 < m \leqslant \rho i \leqslant M \leqslant \infty$，$i = 1, 2, \cdots, n$，则当 $n \to \infty$时，$Var(s_i)/n \to 0$。

证明：由式（4-4）得，$Var(s_i) = E(s_i^2) - [E(s_i)]^2$

$$= \frac{1}{n^2}(\sum_{i=1}^{n}\rho_i^2)(\sum_{i=1}^{n}\frac{1}{\rho_i}) - [E(s_i)]^2$$

$$\leqslant \frac{1}{n^2}(n \cdot M^2)(n \cdot \frac{1}{m^2}) = \frac{M^2}{n^2} < \infty$$

因此，当 $n \to \infty$时，$Var(s_i)/n \to 0$，证毕。

以上过程中要保证得到一个近迪拉克反变换需要满足以下条件：（a）对幅度谱 ρ 的失真得到的新的幅度谱 s 应该是等分布的；（b）当 $n \to \infty$时，$Var(s_i)/n \to 0$；（c）$max_{i,j}[Cov(s_i, s_j)] \cdot Var(s_i) \to 0$。

因此，我们可以得出结论，图像的幅度谱和相位谱分别代表了图像的不同信息。从某种意义上说，图像的相位谱包含了图像的细节结构信息，而图像的幅度谱包含了图像的明暗信息。图像的相位谱可以保留图像的重要结构特征信息，而幅度谱却不能。

（2）局部特征对比度计算。前面证明了图像的相位谱和幅度谱包含了图像的不同信息，其中幅度谱表明图像中每一个频率下信息量变化的多少，而相位谱则表明了信息变化的位置信息，这就构成了本书利用相位谱计算视觉显著性的理论基础。前面已经指出，图像中那些具有"与众不同"的特征的区域更容易获得人的注意，具有较高的显著性。视觉显著性检测的目的就是计算图像中每个像素的显著性，找出最"显著"的像素位置。利

用图像的相位谱进行重构得到的恢复图像中输出值较大的像素位置就对应于原始图像中特征值变化较大的位置，而这些位置就是需要获得"注意"的区域。因此，仅利用相位谱对原始图像进行重构，进行傅里叶反变换得到的恢复图像就是能够反映图像中各部分视觉显著性的显著图。

根据前面的分析，我们提出了利用图像的相位谱来进行局部特征对比度计算，生成局部显著性图的方法。因为图像的傅里叶变换得到的幅度谱和相位谱表示的是图像中每个像素相对于其周围像素的特征变化情况，因此利用相位谱计算视觉显著性仍然是一种局部显著性度量方法。

具体的步骤为：首先利用式（4-2）对各特征图（亮度特征图、颜色特征图和方向特征图）进行傅里叶变换，提取其相位谱 $\phi(u, v)$，然后利用式（4-8）仅利用 $\phi(u, v)$ 进行傅里叶反变换，即可得到各特征图的局部特征对比度计算结果（局部显著图）。图 4-9（b）是一些由亮度特征图生成的局部显著性图的例子。

$$S_{Local}(x,y) = \frac{1}{M \times N} \sum_{u=1}^{M} \sum_{v=1}^{N} \phi(u,v) e^{\frac{-j2\pi ux}{M}} e^{\frac{-j2\pi vy}{N}} \tag{4-8}$$

（a）原始图像　　　（b）局部特征对比度　　　（c）全局特征对比度

图4-9　特征对比度计算结果

4.2.3.2　全局特征对比度计算

从图 4-9（b）可以看出，因为局部特征对比考虑的是像素相对于其周围局部区域的显著性，因此当视觉场景中的前景目标本身特征变化复杂，而背景部分相对简单的情况下，得到的显著性度量结果与人类的视觉效果一致；而当前景目标特征变化比较平缓，背景部分比较复杂的情况下，得到的显著性度量结果就会出现"显著性反转"的情况，即本应获得注意的前景目标的显著性较低，而变化强烈的背景区域的显著性较高。针对这种情况，需要考虑像素相对于整幅图像的特征差异，而不是相对于其周围局部邻域的差异，为此我们需要进行全局特征对比度计算。

图像中一个区域能够获得观察者的注意，它所具有的特征不仅在其某个局部邻域内是显著的，而且在整幅图像中也应该是显著的。为此，我们首先利用式（4-9）计算整幅特征图的平均特征值。

$$f_{avg} = \frac{1}{M \times N} \sum_{x=1}^{M} \sum_{y=1}^{N} f(x,y) \tag{4-9}$$

其中，$f(x,y)$ 表示像素 (x,y) 的特征值，$M \times N$ 表示特征图的大小，f_{avg} 为计算出的特征图的平均值。

然后，利用式（4-10）计算图像中每个像素的特征值相对于平均值的偏差，将其调整到 $[0,1]$ 之间，即可得到全局显著性图。

$$S_{Global}(x,y) = \left| f(x,y) - f_{avg} \right| \tag{4-10}$$

图 4-9（c）是一些由亮度特征图生成的全局特征对比度计算结果。

4.2.3.3 稀少性度量

局部特征对比和全局特征对比都是从特征对比的角度去衡量图像中各部分的视觉显著性。仅考虑特征对比而忽略特征值的空间分布情况，得到的显著性度量结果会存在一定的偏差，如图 4-10 所示。图中的显著目标是花和鸡蛋，但是由局部特征对比计算得到的显著图所指向的显著区域主要集中在视觉特征变化强烈的边缘或复杂的背景区域，前景目标因为特征变化比较平缓，显著性反而较低；由全局特征对比计算得到的显著图所指向的显著区域虽然在一定程度上弥补了局部显著性度量的缺陷，使得前景目标比较显著，但同时也使得那些具有较大视差的背景区域的显著性较高。

图像中某一个区域能够获得观察者的注意，则它所具有的特征必定是"与众不同"的。换句话说，该区域具有的特征在整幅图像中一定是比较稀少的，这样才能够在大量的相同的视觉特征中脱颖而出，获得注意。因此，稀少性可以作为衡量视觉显著性的一个因素。

图像中某个特征值的稀少性可以通过计算该特征值在整幅图像中出现的次数来衡量。如果某个特征值出现的次数较多，则具有该特征值的像素的显著性就较低，反之，如果某个特征值在整幅图像中出现的次数较少，则认为该特征值比较"稀有"，具有该特征值的像素的显著性就较高。

原始图像	局部显著图	全局显著图

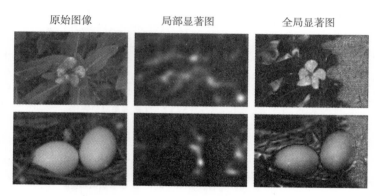

图4-10　不合理的显著性结果

假设一幅特征图的灰度级别为 $[0, L-1]$，l_k 为其中一个特征值，n_k 为具有该特征值的像素的个数，n 为特征图的总像素数。则每个特征值出现的概率为 $P(k) = n_k/n$。根据前面的分析，我们可以首先计算出特征图中每个像素的特征值出现的概率，概率大的则该像素的显著性较低，概率小的则该像素的显著性较高。

此外，在计算特征值稀少性的基础上，还应考虑特征值的空间分布情况。一般来说，能够获得人们注意的前景目标的内部特征是一致的、相似的，因此如果某种特征比较稀少，但是位置也比较分散，不能构成一个有意义的物体，也不能获得注意。为此，我们需要计算每个特征值的空间分布情况，如果某个特征值既比较稀少，其空间分布又比较紧密，则具有该特征的像素的显著性就较高。

设图像中特征值为 l_k 的像素的个数为 n_k，(x_i, y_i) 是具有该特征值的第 i 个像素的坐标。则所有具有特征值 l_k 的像素点的质心坐标为：

$$\begin{cases} x_c = \dfrac{\sum\limits_{i=1}^{n_k} x_i}{n_k} \\[3ex] y_c = \dfrac{\sum\limits_{i=1}^{n_k} y_i}{n_k} \end{cases} \tag{4-11}$$

接下来计算这些像素点距离质心的平均水平距离和平均垂直距离:

$$\begin{cases} D_x = \dfrac{\sum\limits_{i=1}^{n_k} |x_i - x_c|}{n_k} \\[3ex] D_y = \dfrac{\sum\limits_{i=1}^{n_k} |y_i - y_c|}{n_k} \end{cases} \tag{4-12}$$

则该特征值的空间分布密度可以通过式（4-13）计算出来。

$$D_k = \frac{n_k}{4 \times D_x \times D_y} \tag{4-13}$$

根据特征稀少性度量和特征值的空间分布密度，计算出的视觉显著性结果为:

$$S_{Rarity}(x,y) = \frac{D_{f(x,y)}}{P(f(x,y))} \tag{4-14}$$

式中，$f(x, y)$ 为像素 (x, y) 的特征值，$P(f(x, y))$ 为该特征值出现的概率，$D_{f(x,y)}$ 为该特征值的空间分布密度，$S_{Rarity}(x, y)$ 为根据特征稀少性和空间分布密度计算得到的该像素显著性，具体的例子如图 4-11 所示。

4.2.3.4 生成特征显著图

针对图像的颜色特征、亮度特征和方向特征，分别进行局部特征对比计算、全局特征对比计算和稀少性度量，得到相应的局部显著图、全局显著图和稀少性显著图。然后分析这三个显著图自身的特点，按照一定的策略确定一个最优的作为最终的特征显著图。

在对三个显著图进行选择的时候，需要根据显著图的优劣程度确定是否选择该显著图作为最终的特征显著图。一个显著图的优劣需要通过实际

原始图像　　　　稀少性显著图

图4-11　稀少性度量结果

应用来检验，本章实验中将显著图应用于图像分割问题，根据显著图将输入图像分成几个区域，相当于把图像中的像素分为几类。分类结果的优劣可以通过计算类间距离和类内距离来衡量，好的分类结果应该具有较大的类间距离和较小的类内距离。

首先采用简单的阈值分割方法将每个显著图转成二值图像，二值图像中那些连续的取值为1的位置对应的输入图像中的像素分别构成几类，相当于图像中的前景区域；取值为0的位置对应的像素为一类，作为图像的背景区域。然后利用式（4-15）来计算每一类的类内距离，以及每一个前景区域和背景区域之间的类间距离。

$$\begin{cases} D_1 = \dfrac{\sum\limits_{i=1}^{n_{c1}} |f_i - f_{c1}|}{n_{c1}} \\[4mm] D_2 = \dfrac{\sum\limits_{i=1}^{n_{c1}} |f_i - f_{c2}|}{n_{c1}} \end{cases} \tag{4-15}$$

式中，D_1 表示类内距离，n_{c1} 为 c_1 类的像素的个数，f_i 为类中某一像素的特征值，f_{c1} 为 c_1 类的特征值的均值。D_2 表示 c_1 类与 c_2 的类间距离。

接下来计算所有类的平均类内距离 D_{inner} 和平均类间距离 D_{outer}。定义 $D = D_{outer}/D_{inner}$ 作为衡量一幅显著图优劣的标准，D 越大，说明显著图越有用。最终选择 D 最大的显著图作为最终的特征显著图。具体的选择过程示例如图4-12、图4-13所示。

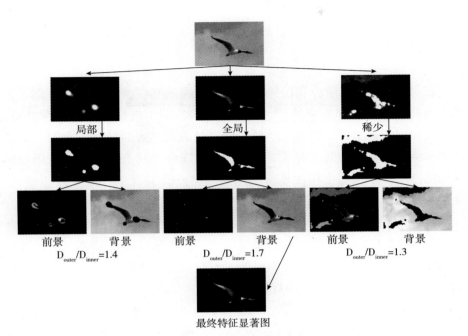

图 4-12 特征显著图选择示例 1

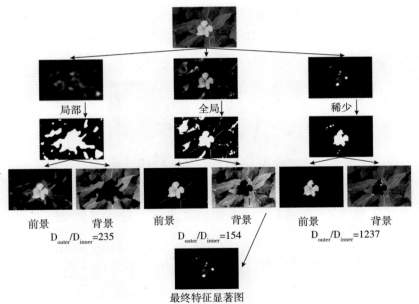

图 4-13 特征显著图选择示例 2

4.2.4 特征整合

在早期特征提取阶段我们提取了输入图像的亮度特征、颜色特征（包括色调和饱和度）和方向特征，分别对这些特征图进行视觉显著性度量，得到了相应的亮度特征显著图、颜色特征显著图和方向特征显著图。为了得到最终的综合显著图，需要对这些特征显著图进行合并。本章采用加权相加的方法，根据每个特征显著图的实际特点及其对最终显著性的影响，决定每幅特征显著图的权值。

在进行特征整合的时候，需要根据每个特征显著图对最终视觉显著性的贡献程度来确定其权值。总的来说，能够正确地反映出图像中的显著目标的特征显著图应该给予较大的权值，不能正确地反映图像中目标显著性的特征显著图应该给予较小的权值或者舍弃。

如图 4-14 所示，直观地看，在图像的亮度、色调、饱和度和方向特征显著图中，色调和饱和度特征显著图能够正确地指出输入图像中的显著目标，而亮度和方向特征显著图所指向的显著位置与实际的显著目标有一定的差距。因此对于这幅输入图像来说，颜色特征对于视觉显著性的贡献较大，在进行特征合并的时候需要给予较大的权值；而亮度特征和方向特征的贡献较小，在特征合并的时候应该给予较小的权值。

图4-14 特征显著图比较

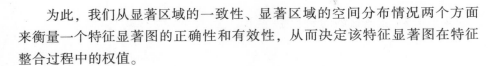

为此，我们从显著区域的一致性、显著区域的空间分布情况两个方面来衡量一个特征显著图的正确性和有效性，从而决定该特征显著图在特征整合过程中的权值。

4.2.4.1 显著区域提取

为了计算一个特征显著图所指示的显著区域的一致性、显著区域的位置和空间分布情况，首先需要提取特征显著图中的显著点。我们定义，在一个特征显著图中那些显著值大于或等于指定阈值 T 的像素称为显著点，小于指定阈值 T 的像素称为非显著点。从一个特征显著图中提取显著点的过程相当于对特征显著图做阈值分割，如式（4-16）所示。

$$B(x,y) = \begin{cases} 1 & S_f(x,y) \geq T \\ 0 & S_f(x,y) < T \end{cases} \tag{4-16}$$

分割后得到的二值图像 $B(x,y)$ 中取值为 1 的像素即为显著点，取值为 0 的像素即为非显著点。所有连续的显著点构成了图像中的一些显著区域。

本章采用基于灰度信息熵的方法来确定阈值 T 的值。对于一幅灰度级为 $L(1 \leq L \leq 256)$ 的 M 行 N 列的灰度图像，其中坐标为 (x,y) 的像素的灰度值 $f(x,y)$ 的取值范围为 $[0, L-1]$，记为 $f_L = \{0, 1, \cdots, L-1\}$。假设灰度 i 在图像中出现的次数为 n_i，则灰度级 i 出现的概率为 $p_i = \dfrac{n_i}{M \times N}$，$i \in f_L$，根据信息论中熵的定义，图像的熵可定义为 $E = -\sum_{i=0}^{L-1} p_i \ln(p_i)$。利用阈值 t 对图像进行分割后，图像中的像素可以分为前景目标部分 $\{t \leq f(x,y) \leq L-1\}$ 和背景 $\{f(x,y) < t\}$。背景部分的熵为 $E_B = -\sum_{i=0}^{t-1} \dfrac{p_i}{p(t)} \ln(\dfrac{p_i}{p(t)})$，前景部分的熵为 $E_O = -\sum_{i=t}^{L-1} \dfrac{p_i}{1-p(t)} \ln \dfrac{p_i}{1-p(t)}$，其中 $p(t) = \sum_{i=0}^{t-1} p_i$，表示灰度级从 0 到 $t-1$ 出现的总概率。那么，图像分割的最佳阈值可以通过式（4-17）计算得到。

$$T = \underset{t \in f_L}{\arg\max}(-\sum_{i=0}^{t-1} \dfrac{p_i}{p(t)} \ln(\dfrac{p_i}{p(t)}) - \sum_{i=t}^{L-1} \dfrac{p_i}{1-p(t)} \ln(\dfrac{p_i}{1-p(t)}))$$

$$\tag{4-17}$$

4.2.4.2 显著区域的一致性

根据式（4-17）计算出特征显著图的阈值后，对特征显著图进行阈值分割，得到一幅二值图像。二值图像中的取值为 0 和 1 的像素位置分别对应了非显著点和显著点，所有的空间上连续的显著点构成显著区域，显著区域的数量可以多于一个。

显著区域一般对应于图像中的显著目标，满足特征的相似性和一致性。因此，显著区域包含的这些像素的显著值应该是接近的，一致的；同时这些像素的显著值与非显著区域包含的像素的显著值应该有较大的差异。为此，从两个方面衡量一个显著区域的一致性：显著区域内部像素的显著值的相似性和显著区域内部像素与非显著区域像素的显著值的差异。简单起见，我们利用像素显著值之间的方差来表示显著区域的一致性。显著区域的一致性因素 $W_{compactness}$ 的计算方法如式（4-18）所示。

$$W_{compactness} = \frac{\sum_{i=1}^{num} V_{inner}^i}{\sum_{i=1}^{num} V_{outer}^i} \qquad (4-18)$$

式中，num 表示提取的显著区域的数量，V_{inner}^i 为显著区域 i 内部像素显著值之间的偏差，V_{outer}^i 为显著区域 i 内部像素与非显著区域像素之间显著值的偏差。式（4-4）说明根据某一个特征显著图提取的显著区域内部像素的显著值相差越小，与非显著区域像素的显著值相差越大，该特征显著图对应的显著区域越紧致，该特征显著图越有效。显著值偏差的计算方法如式（4-19）所示。

$$\begin{cases} V_{inner} = \dfrac{\sum_{i=1}^{n} |S_i - S_{avg}^{inner}|}{n} \\[4mm] V_{outer} = \dfrac{\sum_{i=1}^{n} |S_i - S_{avg}^{outer}|}{n} \end{cases} \qquad (4-19)$$

式中，n 表示显著区域内的像素个数，S_i 表示像素 i 的显著值，S_{avg}^{inner} 表示显著区域内部像素的平均显著值，S_{avg}^{outer} 表示非显著区域内部像素的平均显著值。

4.2.4.3 显著区域的空间分布

显著区域的一致性反映了图像的显著区域内部像素显著性的相似性和与周围非显著区域内像素显著性的差异程度。除了考虑显著区域的一致性因素之外，还需要考虑显著区域的空间分布情况，包括显著区域的位置以及这些显著区域之间的距离等。心理学实验证明，人类的注意力更容易集中在图像的中心位置，即图像的中心区域更容易成为显著区域。另外，图像中的各个显著区域应该是比较集中的，而不应该非常分散。

显著区域的空间分布情况可以通过以下的方法来衡量。首先，计算出各显著区域的质心，计算这些质心与图像中心位置之间的平均距离，以及这些质心之间的平均距离，二者之和作为衡量显著区域空间分布情况的依据。和越小，说明这些显著区域更接近图像的中心位置，而且显著区域之间越紧凑，图 4-15 中分别是图 4-14 中各特征显著图中显著区域的空间分布情况。

图中的白色区域为显著区域，蓝色标出的是各显著区域的质心，红色标出的为图像的中心位置。显著区域的空间分布因素 $W_{distribution}$ 的计算方法如式（4-20）所示。

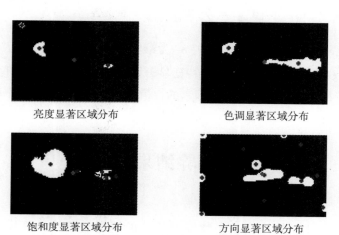

亮度显著区域分布　　　　　　色调显著区域分布

饱和度显著区域分布　　　　　　方向显著区域分布

图 4-15　显著区域的空间分布

$$W_{distribution} = \frac{\sum\limits_{i=1}^{num} \sqrt{(x_i - x_0)^2 + (y_i - y_0)^2}}{num} + \frac{\sum\limits_{i=1}^{num}\sum\limits_{j=1}^{num} \sqrt{(x_i - x_j)^2 + (y_i - y_j)^2}}{num \times (num - 1)}$$

$$(4-20)$$

式中，num 为显著区域的个数，(x_0, y_0) 为图像中心位置的坐标，(x_i, y_i) 为第 i 个显著区域质心的坐标。

4.2.4.4 特征显著图融合

根据前面介绍的方法对亮度特征显著图、颜色特征显著图和方向特征显著图分别计算相应的显著区域一致性因素 $W_{compactness}$ 和空间分布因素 $W_{distribution}$ 的值，利用式（4-21）计算各特征显著图的权值，将各特征显著图进行加权相加，得到最终的综合显著图。

$$\begin{cases} S = \sum\limits_{i=1}^{m} W_i \times S_{fi} \\ \\ W_i = \dfrac{W_{total}}{W^i_{compactness} \times W^i_{distribution}} \\ \\ W_{total} = \sum\limits_{i=1}^{m} W^i_{compactness} \times W^i_{distribution} \end{cases} \quad (4-21)$$

式中，S 为最后的综合显著图，S_{fi} 为第 i 个特征显著图，W_i 为第 i 个特征显著图的权值，$W^i_{compactness}$ 为第 i 个特征显著图的一致性因素的权值，$W^i_{distribution}$ 为第 i 个特征显著图的空间分布因素的权值，m 为特征显著图的个数。

4.3 实验结果与分析

为了验证本章提出的基于特征对比度的视觉显著性计算模型的性能，本书选取大量的自然图像进行了实验验证，并和其他方法进行了比较。其中 STB 程序来自网址 http://www.saliencytoolbox.net/，从网址 http://www.its.caltech.edu/~xhou可以下载 Hou 的谱残差方法，从网址 http://ivrg.epfl.ch/supplementary_ materi-al/rk_ cvpr09/index.html 下载 Achanta 的特征对比方法。

4.3.1　自然图像中的显著性检测

研究视觉显著性计算模型的目的是将其应用于计算机视觉或计算机图像处理领域中，提高图像处理的效率和精度。为了检验本书算法生成的显著图的正确性和有效性，我们选取 1000 幅至少含有一个显著目标的自然图像，分别应用 STB 方法、谱残差方法、FC 方法和本书算法计算相应的显著图。为了客观地分析和比较结果，我们将四种算法的显著性检测结果分别与 Ground Truth 进行了比较（所有的图像和 Ground Truth 均来自文献[72]），并给出了相应的对比结果，如图 4-16 所示。

图 4-16 是分别利用 Itti 等的 STB 算法、Hou 的 SR 方法、Achanta 的 FC 的方法以及本书算法生成的显著图和显著区域提取的比较结果。图中选择了 4 幅图像，其中每幅图像的第一行分别是原始图像、STB 算法生成的显著图、SR 方法生成的显著图、FC 方法生成的显著图和本书算法生成的显著图；第二行分别是 Ground Truth 图像以及四个显著图对应的二值图像；第三行是利用四种方法生成的显著图进行显著区域提取得到的前景部分。从图 4-16 中可以看出，Itti 等的 STB 方法生成的显著图可以正确地反映出显著目标的位置，但是不能很好地确定显著目标的尺寸及轮廓范围；Hou 的 SR 方法生成的显著图中显著区域主要集中在图像特征变化比较剧烈的部分，如果前景目标的特征变化频繁，则前景目标比较显著，否则该方法生成的显著图不能反映出真正的显著区域；Achanta 的 FC 方法有一定的局限性，当图像中前景目标的特征与图像的平均特征相差较多的时候，生成的显著图能正确地指示出显著目标，当前景目标的特征与图像的平均特征较接近的时候，生成的显著图就不能正确地指向前景目标，反而指向背景区域；相对于其他三种方法，本书算法生成的显著图能够取得较好的效果，其中的显著区域能够真正地指向图像中的前景目标，得到的图像分割结果与 Ground Truth 以及人类视觉系统观察的结果比较一致。图 4-16 直观地反映出本书方法与其他三种方法应用于自然图像中的显著目标检测任务中的性能优劣。

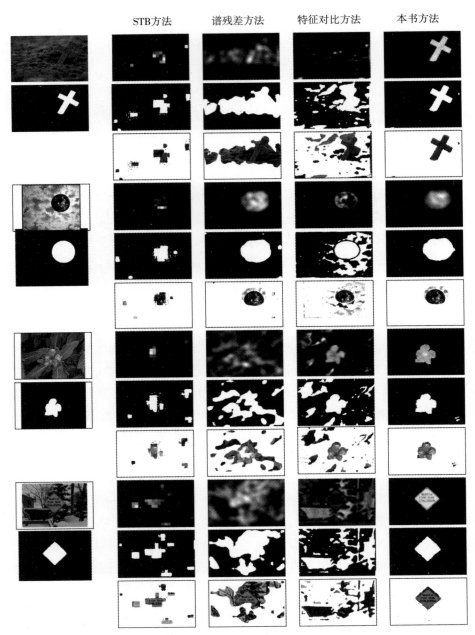

图 4-16　显著目标提取结果比较

　　为了客观地比较这四种方法的性能，我们对四种方法的结果进行了定量的分析。采用准确率（Precision）和召回率（Recall）作为衡量结果优劣的准则，其计算公式如（4-22）所示。

$$
\begin{cases}
Precision = \dfrac{\displaystyle\sum_{x=1}^{M}\sum_{y=1}^{N} G(x,y) \times B(x,y)}{\displaystyle\sum_{x=1}^{M}\sum_{y=1}^{N} B(x,y)} \\[6mm]
Recall = \dfrac{\displaystyle\sum_{x=1}^{M}\sum_{y=1}^{N} G(x,y) \times B(x,y)}{\displaystyle\sum_{x=1}^{M}\sum_{y=1}^{N} G(x,y)}
\end{cases}
\tag{4-22}
$$

式中，G 表示 Ground Truth 图像，B 表示图像分割过程中得到的表示前景和背景区域的二值图像。准确率（Precision）表示算法检测出的前景区域中包含的真正的有效前景目标的比例，能够反映出算法检测出的前景目标是否准确；召回率（Recall）表示检测出的真正的前景区域与图像中实际包含的前景像素之间的比例，反映出算法能否检测出全部的有效前景区域。

图 4-17 是四种方法在 1000 幅图像上的平均准确率、召回率和 $F-Measure$，即式（4-23）的比较结果。$F-Measure$ 用来对准确率和召回率进行综合考虑，式中的 β 用来决定准确率和召回率的影响程度，当 β 增加的时候，准确率的影响增大，本书取 $\beta=1$，准确率和召回率占同样的比重。从图中可以看出，Itti 等的 STB 方法具有较高的查准率（Precision），而召回率（Recall）却非常低，说明 STB 方法生成的显著图所指向的显著区域是真正的前景区域的比例非常高，但是该方法所能够检测出的显著区域的像素数量却非常少，这与图 4-16 中所反映出的结果是一致的。Hou 的 SR 方法具有较高的召回率，而准确率却较低，这是因为图像中的那些有特征变化的部分的显著值都较高，得到较多的显著区域，而这些显著区域有些并不是真正的显著，而是一些复杂的背景部分，这一点从图 4-6 中也可以看到。Achanta 的 FC 方法也有类似于 SR 方法的结果，该方法也容易将背景部分错误地检测为前景部分，因此准确率也较低。相对于其他三种方法，本书方法具有较高的查准率、召回率和 $F-Measure$ 值，说明本书方法既能将前景显著目标正确地检测出来，同时并不会包含过多的背景区域。这说明在自然图像的显著性检测任务中，本书算法的性能也是比较好的。

$$
F_\beta = \frac{(1+\beta^2)\,Precision \times Recall}{\beta^2 \times Precison + Recall}
\tag{4-23}
$$

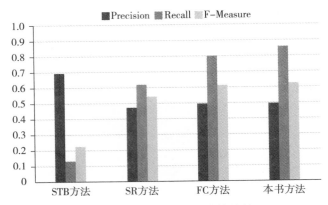

图 4-17　平均查全率查准率比较

4.3.2　复杂图像中的显著性检测

从 4.3.1 节可以看出，在含有显著目标的自然图像中本书的视觉显著性检测计算模型有着较好的效果和性能。为了进一步验证本书算法的有效性和实用性，我们进行了另外一组实验，选取一些具有复杂背景的图像，而且图像中的目标和背景的特征非常接近，来验证本书算法的显著性检测的效果，图 4-18 是一些示例结果。从图中可以看出，当目标和背景之间的特征对比较小的时候，本书算法仍然能够将目标所在的区域检测出来。

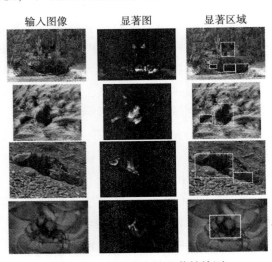

图 4-18　复杂图像的显著性检测

4.4　本章小结

　　本章提出了一种基于特征对比度的视觉显著性计算模型，首先提取图像的颜色、亮度和方向特征，针对每个特征从局部特征对比、全局特征对比和稀少性度量三个方面计算视觉显著性，最后结合一定的策略从中选择一个生成特征显著图。然后，分别对亮度特征显著图、颜色特征显著图和方向特征显著图进行分析，计算每种特征显著图的显著区域的一致性和空间分布情况，根据这两方面的因素，计算特征合并过程中各特征显著图的权值，将各种特征显著图合并得到最终的综合显著图。在自然图像中的显著性检测结果表明，利用本章提出的视觉显著性计算模型得到的显著图具有较好的检测效果。

5 基于频域分析的视觉显著性计算模型

5.1 引 言

相对于空间域，基于频域的视觉显著性检测计算模型出现得较晚并且模型数量相对较少，检测方法与基于空域的显著性检测方法也有很大的区别。基于频域的视觉显著性检测方法将图像在空间域的信息经过傅里叶变换到频域，在频域中进行显著性计算。

最早的基于频域的视觉显著性计算模型是由 Hou 等于 2007 年在 IEEE 国际计算机视觉与模式识别会议（IEEE Conference on Computer Vision and Pattern Recognition，CVPR）上发表的谱残差方法，通过计算图像在频域上的谱残差来计算视觉显著性。通过不断分析与发展，Guo 等利用超复数傅里叶变换，在频域信息中加入颜色特征，提出了 PQFT 方法，进一步提升了显著性检测的效果。2013 年 Li 等提出了超复数傅里叶变换 HFT 方法，利用图像的幅度谱信息并加入亮度和颜色特征计算视觉显著性并给出了合理的理论解释。

本章提出两种基于频域信息的视觉显著性计算模型：多尺度频域分析的显著性检测模型和基于稀疏编码的显著性检测模型。

5.2　多尺度频域分析的显著性检测模型

5.2.1　模型框架

多尺度频域分析的显著性检测模型如图 5-1 所示，在多个尺度上提取图像底层特征，在频域分析各种特征图的幅度谱和相位谱，在空间域上构造相应的显著图。

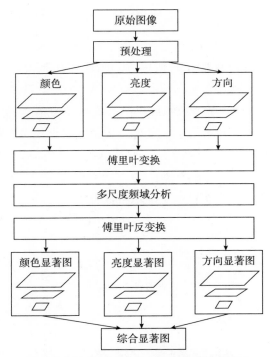

图 5-1　多尺度频域分析的显著性检测模型

5.2.2 预处理

人眼的视觉生理特性表明，人眼对构成图像的不同频率成分具有不同的敏感度，对低频信号的敏感程度大于对高频信号的敏感程度。对图像中心信息的敏感程度大于对图像边缘信息的敏感程度。而在一幅图像中，能量主要集中在低频部分，边缘和噪声等主要集中在高频部分。因此，首先对图像进行二维小波分解，分离出低频成分和高频成分，对低频成分进行增强，对高频成分进行衰减，从而可以达到图像增强、去除噪声的目的。从后面的实验结果中可以看出，经过预处理之后，本书提出的算法对于噪声很强的图像也能够很好地检测出显著区域。

5.2.3 特征提取

在没有高层任务信息指导的情况下，图像的显著性可以通过一些底层特征体现出来。底层特征提取模块模拟人类视觉系统（Human Visual System，HVS）的早期视觉特征编码机制，提取图像基本特征。本书选择人眼比较敏感的颜色、亮度和方向三类经过验证的早期视觉特征参与检测。

设 r、g、b 是图像的红绿蓝 3 个分量，则亮度特征可以通过下式得到：

$$I = (r + g + b)/3 \tag{5-1}$$

红色、绿色、蓝色和黄色 4 个颜色特征分别可以通过以下公式得到：

$$R = \begin{cases} r - (g + b)/2 & R > 0 \\ 0 & R \leq 0 \end{cases} \tag{5-2}$$

$$G = \begin{cases} g - (r + b)/2 & G > 0 \\ 0 & G \leq 0 \end{cases} \tag{5-3}$$

$$B = \begin{cases} b - (r + g)/2 & B > 0 \\ 0 & B \leq 0 \end{cases} \tag{5-4}$$

$$Y = \begin{cases} (r + g)/2 - |r - g|/2 - b & Y > 0 \\ 0 & Y \leq 0 \end{cases} \tag{5-5}$$

用 0°、45°、90°和 135°4 个方向的 Gabor 滤波器分别对亮度图进行滤波，就可以得到 4 个方向特征，这样共提取出图像的 9 个底层特征，包括亮度特征、4 个颜色特征和 4 个方向特征。

5.2.4 显著性计算

视觉显著性计算过程如图 5-2 所示。

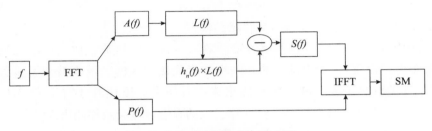

图 5-2 视觉显著性计算过程

图像中一个区域的显著性依赖于它自身和环境的差异，即图像中像元之间的相关性。根据视觉系统的基本准则，图像中相似的共同的特征不会得到重视，而不一样的新颖的特征则会突显出来。按照信息论的观点，一幅图像包含的信息 H（image）可以分为两部分：新颖的反常的信息（显著区域信息）H（innovation）和冗余的相似的信息（背景信息）H（redundancy），如式（5-6）所示。

$$H(image) = H(innovation) + H(redundancy) \qquad (5-6)$$

如果去除图像中的冗余信息，就可以得到显著区域的信息，如式（5-7）所示：

$$H(innovation) = H(image) - H(redundancy) \qquad (5-7)$$

文献［98］指出自然图像的统计特性具有变换不变性，即将图像从原来的空间坐标变换到频率坐标系统中后，图像在空域中具有的统计特性在频域中仍然保留，这种不变性恰好保证了采用能量谱来刻画自然图像空间相关性的可靠性。如果利用对数谱 L（f）（log-spectrum）来表示图像的整体信息，接下来只需要找出图像中的冗余成分，就可以得到图像中显著区域的信息。为此定义 R（f）来表示图像中的冗余部分，R（f）可以利用式（5-8）和式（5-9）计算，显著性可以通过式（5-10）计算。

$$R(f) = h_n(f) \times L(f) \qquad (5-8)$$

$$h_n(f) = \frac{1}{n^2} \begin{bmatrix} 1 & 1 & \cdots & 1 \\ 1 & 1 & \cdots & 1 \\ \vdots & \vdots & \vdots & \vdots \\ 1 & 1 & \cdots & 1 \end{bmatrix} \qquad (5-9)$$

$$S(f) = L(f) - R(f) \qquad (5-10)$$

式中，$h_n(f)$ 为 $n \times n$ 的均值滤波模板。

图像的尺度对于显著区域的检测效果有很大的影响，如果尺度比较大（分辨率比较高），则图像中的一些细节变化比较大的区域会被作为显著区域，一些小的显著区域会被检测出来；而如果尺度比较小（分辨率比较低），则一些小的显著区域会被忽略，大的显著区域会被检测出来。

因此，为了使检测结果可以兼顾细节和整体，即既能够把图像中的整个物体作为显著区域检测出来，又不会忽略小的显著区域，本算法采用了多尺度采样的方法。对原始图像进行 3 个尺度的间隔向下采样，尺度分别是原图像的 1/2、1/4 和 1/8（没有在图像原始尺度上进行显著性检测，主要是考虑到计算复杂度）。这样，就得到了 3 个尺度各 9 个特征，共 27 个特征显著图，最后利用式（5-11）对这 27 个特征显著图进行加权叠加，就得到最后的综合显著图。

$$\begin{cases} S_C = \bigoplus_{s=1}^{3} (S_R(s), S_G(s), S_B(s), S_Y(s)) \\ S_I = \bigoplus_{s=1}^{3} (S_I(s)) \\ S_O = \bigoplus_{s=1}^{3} (S_{O1}(s), S_{O2}(s), S_{O3}(s), S_{O4}(s)) \\ S = w_c \times S_C + w_i \times S_I + w_o \times S_O \end{cases} \qquad (5-11)$$

式中：$\bigoplus_{s=1}^{3}$ 表示三个尺度下的相应的特征显著图经线性插值调整到同一大小后相加，$S_R(s)$、$S_G(s)$、$S_B(s)$ 和 $S_Y(s)$ 分别为各尺度下 4 个颜色分量的特征显著图，$S_I(s)$ 为三个尺度下的亮度特征显著图，$S_{O1}(s)$、$S_{O2}(s)$、$S_{O3}(s)$ 和 $S_{O4}(s)$ 分别为各尺度下 4 个方向的特征显著图，S_C、S_I 和 S_O 分别为总的颜色、亮度和方向特征图，w_c、w_i 和 w_o 分别为各特征图相应的权值，S 为综合显著图。

5.2.5 实验结果

为了验证本算法的正确性和有效性，在 Intel Pentium 1.6 GHz，内存512M 的微机上，利用 Matlab 对包括自然场景图像和人工图像在内的 100 多幅图像上进行了实验，获得了比较满意的效果。实验中所采用的测试图像均来自文献 [98]，所有 Itti 算法的实验结果和数据均利用文献 [56] 提供的工具箱在 Matlab 环境下生成。

图 5-3 是本书算法和文献 [98] 的算法和文献 [56] 算法的对比实验结果。（a）是原始图像，（b）是本书算法生成的显著图，（c）是文献[98] 算法生成的显著图，（d）是文献 [56] 算法的显著图。（e）是人工标注图像。其中，人工标注图像中的黑色区域代表背景，白色区域代表所有被测者都认为显著的区域，灰色部分表示部分被测者认为显著而部分被测者认为不显著的区域。从中可以看出，本书算法的检测效果要优于文献[98] 和文献 [56] 算法的结果。

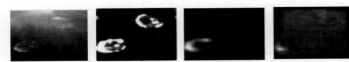

（a）原始图像　（b）本书显著图（c）文献[98]显著图（d）文献[56]显著图（e）人工标注结果

图 5-3　实验结果对比图

本书算法检测的平均时间消耗是 0.4524 秒，文献 [56] 的平均时间消耗为 1.5489 秒，文献 [98] 的平均时间消耗为 0.0274 秒。因此，本书算法耗时要多于文献 [98] 算法，因为本书算法需要进行多特征多尺度显著图计算，而文献 [98] 只考虑了图像的灰度信息。但是从上面的实验结果可以看出，正是因为本书算法考虑了颜色、强度和方向多种特征，在多个尺度进行显著图计算，从而检测效果要优于文献 [98] 算法，尤其在灰度不是显著特征时，本书算法的优势更加明显。而本书算法的运算速度要快于Itti 算法，因为 Itti 算法要提取 9 层高斯金字塔，在中央层和周边层之间（共 6 种计算组合）做 center-surround 运算提取对比度和规则化 N（·）操作来比较耗时，而本书算法只需要在 3 尺度上对图像采样，做简单的傅里叶变换和反变换。

为了更好地对比本书算法、文献 [98] 算法以及文献 [56] 算法的检测结果，定义命中率（Hit Rate，HR）和虚警率（False Alarm Rate，FAR），如式（5-12）所示。为了便于计算，将人工标注图像进行了二值化处理。

$$\begin{cases} HR = E(h(x) \times S(x)) \\ FAR = E((1 - h(x)) \times S(x)) \end{cases} \tag{5-12}$$

式中，$h(x)$ 表示二值化的人工标注图像，$S(x)$ 为生成的显著图，HR 表示显著图中与人工标注图像值 1 对应的像元的显著性的均值，FAR 表示显著图中与人工标注图像中值 0 对应的像元的显著性的均值。因此，HR 越大，FAR 越小，说明生成的显著图检测效果越好。

表 5-1 是本书算法、文献 [98] 以及文献 [56] 算法生成的显著图分别与人工标注图像进行运算得到的平均命中率和虚警率的对比结果。从表中可以看出，本书算法的检测效果要优于文献 [56] 和文献 [98] 算法，具有较高的命中率和较低的虚警率。

表 5-1　检测效果对比

	本书算法	文献 [98] 算法	Itti 算法
HR	0.6034	0.4603	0.3029
FAR	0.1538	0.1785	0.3258

图 5-4 是本书算法抗噪能力的实验结果。（a）~（b）分别是添加了不同强度的高斯噪声后的实验结果，高斯噪声的均值为 0，方差分别为 16 和 32。（c）~（d）分别是添加了不同强度的椒盐噪声后的实验结果，椒盐噪声的比例分别为 30% 和 40%。从图中可以看到，随着噪声强度的增加，检测的结果也逐渐出现偏差，但是大多数突出的区域仍然能够被检测出来。这说明本书算法在抗噪声干扰方面具有较强的能力。

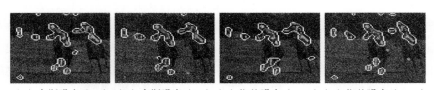

（a）高斯噪声（16）　（b）高斯噪声（32）　（c）椒盐噪声（30%）（d）椒盐噪声（40%）

图 5-4　抗噪能力实验结果

5.3 基于稀疏编码的显著性检测模型

本小节提出一种利用稀疏编码的视觉显著性计算模型。首先，计算图像的稀疏编码表示。然后，利用图像的稀疏编码计算视觉显著性，提高计算效率。

5.3.1 算法框架

基于稀疏编码的视觉显著性检测计算模型如图 5-5 所示。

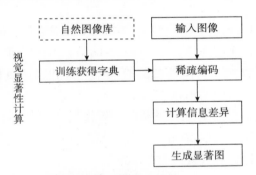

图 5-5 显著区域检测算法框图

5.3.2 稀疏编码

生物视觉系统的研究发现，当视觉神经系统接收到某幅自然图像时，大部分神经元对该图像的响应很弱甚至为 0，只有很少的神经元有较强的响应。当接收的自然图像发生变化时，产生较强响应的神经元可能会改变，但这些神经元的个数仍然只占整体的少部分，这种特性叫作稀疏性。为了模拟神经元响应的稀疏特性，人们提出了针对自然图像的有效编码方法，即稀疏编码。

在稀疏编码模型中，利用基函数的线性叠加表示输入图像，在最小均方差意义下使得线性叠加的结果尽可能地与原图像相似，同时表示的特征尽可能地稀疏化，即基函数的权值尽可能多地为 0 或接近 0。图像的线性叠加可以由式（5-13）表示。

$$X = AS \tag{5-13}$$

式中，X 表示输入图像，表示为多个基函数的线性组合，A 为基函数组成的矩阵，S 为线性组合时基函数的权值向量。从神经生物学的角度，式（5-13）表示的稀疏编码模型可以解释为：人的视觉感知系统将输入图像刺激 X 通过感受野 A 的特征提取，将其表示为视觉细胞的活动状态 S。S 为输入图像的稀疏编码。

对于式（5-13）表示的稀疏编码模型，Olshausen 提出的优化准则为式（5-14）。

$$E(a, \phi) = \sum_{x, y} \left[I(x, y) - \sum_i a_i \phi_i(x, y) \right]^2 + \lambda \sum_i S\left(\frac{a_i}{\sigma_i}\right) \tag{5-14}$$

式中，I（x，y）表示输入图像 X 中的像素值，ϕ_i（x，y）为基函数矩阵 A 中的第 i 个列向量，a_i 为向量 S 的第 i 个响应值。式（5-14）中的第 1 项用原始图像与重构图像之间的误差平方和表示重构图像的信息保持度，第 2 项反映了编码的稀疏程度。

根据式（5-13）表示的稀疏编码模型及式（5-14）的优化准则，本书从自然图像库中选取 10000 个 8×8 的图像块进行训练得到字典 A。则图像的稀疏编码可以通过式（5-15）求得。

$$S = DX \tag{5-15}$$

式中，D = A^{-1}。

5.3.3　显著性计算

通过上面的方法，我们得到了输入图像的图像块级别的稀疏编码。为了计算视觉显著性，我们需要像素级别的稀疏编码。为此，本书通过计算包含某像素的所有图像块的稀疏编码的均值来得到该像素的稀疏编码。

位于（x，y）的像素的稀疏编码记为 PS（x，y）= [ps_1（x，y），ps_2（x，y），…]，ps_k（x，y）表示该像素在第 k 个子码中的编码值。图像中所有像素在第 k 个子码中的编码值组成的矩阵 F_k 可以看作对输入图像提取的第 k 个稀疏特征图。

研究表明，视觉显著性源于视觉信息的独特性和稀缺性。本书通过计算图像中各部分内容与其周围环境所包含的视觉信息的差异来计算视觉显著性。根据目前有效编码理论中广泛采用的贝叶斯决策理论，P（X）表示某数据集 X 的初始概率，即先验概率，反映了根据已有知识断定 X 是正确的可能程度；P（D｜X）为似然函数，表示 X 为正确假设时，观察到 D 的概率；P（D）表示 D 的先验概率；P（X｜D）是给定样本 D 时，X 的后验概率。贝叶斯定理可以表示为公式（5-16）。

$$P(X \mid D) = \frac{P(D \mid X)P(X)}{P(D)} \qquad (5\text{-}16)$$

由公式（5-16）可以看出，如果新的样本数据 D 产生了信息差异，则先验概率和后验概率是不同的。为了衡量 D 引起的差异的程度，可以通过计算先验概率分布与后验概率分布之间的 Kullback – Liebler（K – L）距离得到。

$$KL(P(X),\ P(X \mid D)) = \int_X P(X) \log \frac{P(X)}{P(X \mid D)} dX \qquad (5\text{-}17)$$

由此可知，将图像中某位置的周边环境划分为两个区域，即中央区域和周边区域，周边区域远大于中央区域。周边区域的信息分布看作是先验概率，中央区域的信息分布为后验概率。如果某位置引起了观察者的注意，则其中央区域和周边区域的信息分布是不同的，其差异程度即为其显著程度，可以通过公式（5-18）得到。

$$SM_i(x,\ y) = \sum P_{x,\ y}^c \log \frac{P_{x,\ y}^c}{P_{x,\ y}^s} \qquad (5\text{-}18)$$

式中，SM_i（x，y）表示第 i 个稀疏特征图中像素（x，y）的视觉显著性，$P_{x,\ y}^c$ 表示（x，y）的中央区域的信息分布，$P_{x,\ y}^s$ 表示（x，y）的周边区域的信息分布。综合显著图可以由公式（5-19）计算得到。

$$SM(x,\ y) = \sum SM_i(x,\ y) \qquad (5\text{-}19)$$

5.3.4 实验结果

为了客观地评估本书算法的正确性和有效性，我们在两个公开的测试图像库上进行了实验，并和目前比较流行的 7 种算法进行了实验对比。本书算法的运行环境为 Matlab 7.0，硬件平台为个人计算机（Intel Core i3/双核 2.53GHz CPU，内存为 2G）。

5.3.4.1　测试图像集

本书选取的第一个测试图像集为 Bruce 等提供的人眼跟踪图像库，库中包含 120 幅测试图像以及通过人眼跟踪设备记录的 20 个测试者在测试图像上的人眼跟踪数据（Ground Truth）。该数据集可以从 http：//www - sop. inria. fr/members/Neil. Bruce 获得。

第二个测试图像集为 Achanta 等提供的公开图像测试集，该测试集包含 1000 幅测试图像，以及由人工精确标注的显著性区域结果（Ground Truth）。该数据集可以从 http：//ivrgwww. epfl. ch/supplementary _ material/RK _ CVPR09/index. html 获得。

5.3.4.2　实验结果及对比分析

由于篇幅限制，本书从测试图像集中选择 4 幅图像比较典型的图片，在图 5-6 中给出利用本书算法和目前大家关注度比较高的其他 8 种算法计算得到的显著图直观的实验对比结果。这 8 种算法分别为 ITTI（Itti 的引用最多的经典算法）、GBVS（Kouch 等的基于图论的视觉显著性计算方法，检测准确度较高）、AIM（第一个测试图像集的作者 Bruce 等的基于信息最大化的算法）、FTSRD（第二个测试图像集的作者 Achanta 等的算法）、SUN（利用图像统计信息的算法）以及 SR（基于谱残差的方法）、IS（基于 DCT 的图像签名的方法）、ICL（基于增量编码长度的算法）这三种影响力比较大的基于频域分析的算法。这几种算法的作者都提供了源代码，方便我们进行实验比较。

图 5-6 中的前两幅图片来自 Bruce 提供的测试集，其 Ground Truth 是对人眼跟踪数据经过高斯模糊处理后的人眼关注图。后两幅图片来自 Achanta 提供的测试集，其 Ground Truth 是以二值图像表示的由人工精确标注的显著区域结果。从图 5-6 中可以看出，一些算法如 FRSRD、SUN 出现了显著性反转的情况，一些算法如 ITTI、SR、ICL、IS 计算出的显著性结果更强调边缘部分，而本书算法的结果与 Ground Truth 最接近。

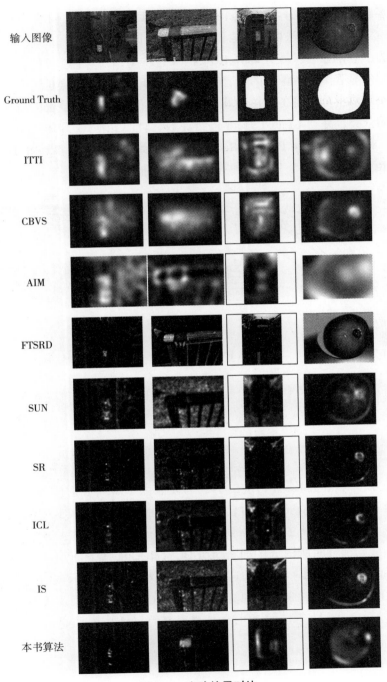

图5-6 实验结果对比

为了客观地评价本书算法的效果，本书采用目前本领域常用的 ROC 曲线和 AUROC 值对本书算法以及其他算法进行定量比较分析。

为了分割显著区域并计算 ROC 曲线，本书参考文献 [72]，将各种方法得到的显著图中各像素的显著值调整到 [0, 1]，然后从 0 到 1 每隔 0.05 取一个阈值，分别将各算法的显著图进行二值化，进行显著区域和非显著区域的分类，并与 Ground Truth 进行比较，计算相应的 TPR（True Positive Rate）和 FPR（False Positive Rate），分别得到 21 组 TPR 和 FPR 的对应值，画出 ROC 曲线。图 5-7 是各种算法的 ROC 曲线图。

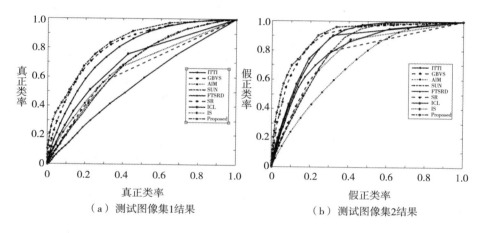

（a）测试图像集1结果　　　　　　（b）测试图像集2结果

图 5-7　各种算法 ROC 曲线对比结果

在 ROC 曲线图中，直观地看，如果一条曲线 A 始终位于另一条曲线 B 的左上方，则表明曲线 A 对应的算法的性能优于曲线 B 对应的算法。但是当曲线 A 与曲线 B 有交叉点时，则很难说明曲线 A 和曲线 B 对应的算法哪个更好。因此，实际中往往需要一个数字标准进行评估，通常通过计算 ROC 曲线与横轴间所围成的面积 AUROC（ROC 曲线下面积 Area under the ROC Curve，AUROC）来解决这个问题。面积越大，表示该曲线对应的算法的性能越好。表 5-2 为各种算法的 AUROC 值对比结果。从图 5-7 和表 5-2可以看出，本书算法的 ROC 曲线是最高的，AUROC 值是最大的。

表 5-2　各种算法的 AUROC 值对比

方法 AUROC	测试图像集 1	测试图像集 2
ITTI	0.7819	0.8524
GBVS	0.8134	0.8840
AIM	0.6933	0.7057
FTSRD	0.5556	0.8026
SUN	0.6770	0.8050
SR	0.6395	0.7623
IS	0.6499	0.7714
ICL	0.6980	0.8362
本书算法	0.8318	0.8904

　　我们对本书算法和其他 8 种算法在两个测试图像集上单幅图像的平均运行时间进行了测试，对比结果如表 5-3 所示。

　　从表 5-3 中可以看出，ITTI、FTSRD、SR、IS 等几种算法的平均运行时间比本书算法的运行时间要短，其余几种算法的平均运行时间高于本书算法。但是，本书算法的检测准确度要高于 ITTI、FTSRD、SR、IS 等几种算法。因此综合考虑，本书算法相对于其他算法仍然具有一定优势。

表 5-3　各种算法的运行时间对比

方法 平均时间（秒）	测试图像集 1	测试图像集 2
ITTI	0.7976	0.6443
GBVS	2.7406	2.5432
AIM	11.0768	3.2724
FTSRD	0.3080	0.1094
SUN	16.7181	5.5387
SR	0.4168	0.1125
IS	0.4093	0.0591
ICL	2.9375	1.2098
本书算法	2.7217	1.0029

5.4　本章小结

本章针对图像的视觉显著性检测问题进行了研究，提出两种基于频域分析的显著性检测模型：基于频域分析的显著性检测模型和基于稀疏编码的显著性检测模型。本章对两种计算模型分别进行了详细介绍，并在国际上公开的测试图像集上进行了实验，和 8 种目前大家关注度比较高的算法进行了对比，结果证明了本书算法的正确性和有效性。

6 利用背景先验的视觉显著性计算模型

6.1 引 言

视觉显著性检测是对人类视觉注意机制的研究发展而来的一种图像处理方法。通过显著性检测，快速而准确地提取图像的关键区域并优先分配计算资源，可以有效地提高图像处理的效率和准确度。因此，显著性检测技术被广泛应用于目标检测识别、目标跟踪、图像分割以及图像检索等应用领域。视觉显著性检测可以分为自底向上数据驱动的方法和自顶向下任务驱动的方法，本章研究的则是自底向上数据驱动的显著性检测方法，提出一种利用背景先验的视觉显著性计算模型。

6.2 显著性先验

目前计算机还无法准确模拟人类的视觉注意机制，此领域的研究者一直在对此进行研究，但仍未得出一个合理的解释。人们通过总结前人的研究发现，一些规律性的先验知识普遍适用于显著性检测这一问题，利用这些先验知识，显著性检测的效率与准确率将会提高。

6.2.1　对比度先验

对比度先验是最直观的一种先验知识，源于人类底层视觉神经细胞的刺激做出的本能反应，因此对比度先验是视觉显著性检测中应用最广泛的一种先验知识，几乎所有的视觉显著性检测算法都用到了对比度先验。通过计算图像场景中各部分内容的特征对比度，可以有效地检测各区域的显著性，最早的 Itti 模型就基于特征对比。对比度先验又分为局部特征对比和全局特征对比，局部特征对比强调邻近区域的对比度，例如，Ma 等提出一种基于局部对比度的模糊增长方法，Rahtu 等提出的基于贝叶斯框架的方法等。而全局对比则强调在整幅图像上的特征对比，其中影响比较大的有Achanta 提出的 Frequency tuned 方法、Cheng 提出的基于全局对比度的方法和 Perazzi 提出的 Saliency filters 方法等。

另外，空间位置对于对比度的强弱有很大的影响。例如，位置相邻的两个物体，稍微明显的特征差异就会引起人们的注意，然而相距较远的两个目标的特征差异则很容易被忽略。因此，在对比度先验的基础上加上空间位置关系因素，也能提升视觉显著性检测的最终结果。

6.2.2　中心先验

中心先验是基于位置关系的一种先验知识，利用中心先验有助于确定前景目标的空间位置，作为后续处理的基础。文献［128］对截至 2011 年发表的具有较高引用率的显著性检测算法进行了研究分析，发现图像中的显著目标大多位于图像的中心位置。如果将图像的中心位置区域作为目标区域，其余区域作为背景，通过计算目标和背景之间的特征差异可以简单地计算出整幅图像中各部分的显著性。

基于中心先验知识的视觉显著性检测模型简单，在前景目标确实位于图像中心时能取得较好的检测结果，但是如果目标物体不在图像中心，依旧把中心区域作为显著目标，就会把大部分背景错误地作为前景显著目标来处理，使显著性检测结果出现极大的偏差。

6.2.3 背景先验

研究者通过对前景先验知识的研究发现,虽然前景目标不一定位于图像中心,但很少位于图像边缘。基于这个发现,研究者提出了背景先验。与前景先验首先确定前景目标不同,背景先验首先确定图像的背景区域。边界先验是一种典型的背景先验,它认为图像的四个边界区域一般是背景区域,这个先验知识比中心先验更加合理可靠。边界先验的基本思想是把图像边缘的区域作为背景区域,然后计算其与图像中剩余区域的特征对比,得到图像中各部分内容的视觉显著性。

2012 年 Y. C. Wei 等提出了利用背景先验知识的"背景优先"的显著性检测方法。该方法首先根据边界和连通性两种先验知识提取背景,然后计算每个超像素与背景之间的差异,差异越小显著性越低,反之显著性越高。该方法在多数图像上取得了很好的效果,但是也存在着一些缺陷:当背景复杂或者目标接触图像边界较多时,得到的显著性结果会出现偏差;在增强目标显著性的同时,与目标邻近的一些背景区域的显著性也得到增强。通过分析我们发现问题产生的原因在于背景提取的正确性。文献[129]将图像的四个边界作为背景,然而图像中真正的背景并不只是图像边界;文献[129]通过计算边界部分的显著值剔除边界中的非背景区域,显著值高的作为目标区域从背景中剔除。计算边界的显著值时仅考虑了边界元素,而忽略了图像的其余部分,因此得到的显著性结果有时并不准确,因而并不能有效地去除与边界接触的目标区域。为了解决这些问题,文献[130]提出通过判断背景的真实性,选择满足设定条件的一组边界作为真的背景;文献[131]通过流行排序的方法,将图像边界作为背景种子,去对其他相关区域进行排序,构造显著图;文献[132]提出通过与边界的连接性来定义背景准则,解决目标与图像边界接触的问题。这些方法与文献[129]相比,检测结果有了一定程度的改进,但本质上仍然只是将图像边界作为候选背景,因此,上述的问题仍然存在。

针对以上存在的问题,本章提出一种利用背景先验的视觉显著性计算模型,从以下几个方面进行改进:①更准确地提取背景区域;②多尺度分析适应不同尺度的显著性目标;③更合理的显著值的计算方法。

6.3 基于背景先验的显著性计算方法

6.3.1 算法描述

本章提出的利用背景先验的显著性检测算法的步骤如下：

步骤1：利用 Achanta R 等提出的超像素分割算法（SLIC），选取不同的尺度（不同大小的超像素），将输入图像进行预分割，得到超像素集 S，针对每个超像素尺度下的超像素集，执行以下步骤；

步骤2：进行背景估计，提取背景区域，将图像分为背景 BS 和前景 FS；

步骤3：根据超像素集 S 中的每个超像素 S_i 与背景 BS 之间，以及和前景 FS 之间的特征差异，得到 S_i 的显著性值，生成显著图；

步骤4：将不同超像素尺度下的显著图进行融合，得到综合显著图。

6.3.2 背景提取

在利用背景先验知识的视觉显著性计算模型中，背景的提取是关键步骤。现有方法一般简单地将图像的边界定义为背景，然而通过观察我们发现，背景区域不只是分布在图像的边界，图像内部的一些区域也有可能是背景区域。图6-1显示了只考虑图像边界作为背景和本章算法提取的背景下的显著性计算结果的对比，可以看出本章方法提取的背景更合理，据此计算得到的显著性结果更准确。

本章采用的背景提取的方法主要基于以下假设：

（1）边界先验：图像边界处一般是背景，目标区域很少与边界连接，而背景区域通常与边界连接；

（2）差异性：目标与背景在颜色或纹理特征上具有较大的差异；

（3）相似性：背景区域通常具有相似的颜色或纹理特征。

具体的背景估计方法步骤如下：

步骤1：将位于图像四个边界部分的超像素定义为初始背景超像素集

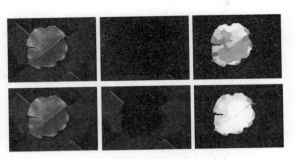

图 6-1 不同背景下的结果对比

$BS = \{R_i \mid R_i$ 为边界超像素$\}$；

步骤2：目标有可能接触图像边界，因此根据目标区域和背景区域的特征差异，去除边界的目标超像素；

假设初始背景区域 BS 中共包括 m 个超像素 $\{S_1, S_2, \cdots, S_m\}$，则背景区域中每个超像素与其他超像素之间的特征差异可以通过式（6-1）计算。

$$Diff_i = \frac{\sum\limits_{j=1,2,\cdots,m,j\neq i} \|f_i - f_j\|_2}{m-1} \tag{6-1}$$

式中，f_i 表示超像素 S_i 所包含的像素的颜色特征均值。如果某个超像素的特征差异值大于所有背景超像素的平均差异值，则认为该超像素属于目标区域，将其从背景中剔除，得到新的背景超像素集 $BS = \{S_i \mid S_i$ 为边界超像素，并且 S_i 不属于目标$\}$。

步骤3：图像中其他非边界超像素也有可能为背景，因此以背景超像素集为基础进行背景扩散。对于某个非边界超像素 S_j，如果它与当前背景区域的某个超像素邻接，并且其特征差异小于平均特征差异值，则将其加入背景中。

6.3.3 显著性计算

根据提取的背景超像素结果，图像预分割后的超像素集 S 可以分为背景 BS 和前景（目标）FS，可以建立一个无向加权图 $G = \{V, E\}$，其中 V 为节点集，$V = FS \cup BS$，E 为边集。

首先，利用 $Dikjstra$ 算法计算 S_i 到背景超像素集 BS 的最短路径，然后将最短路径上边的权值相加，即可得到超像素 S_i 到背景超像素集 BS 的距离。

距离越大说明该超像素与背景的差异越大，其显著性值越大，我们称其为 S_i 相对于背景的显著性值，利用式（6-2）计算并将其归一化到 $[0，1]$。

$$D_{bg}(S_i) = \min_{S_i = S_1, S_2, \cdots, S_n = BS} \sum_{j=1}^{n-1} w(S_j, S_{j+1}),$$

$$s.t. (S_j, S_{j+1}) \in E \tag{6-2}$$

$$Saliency_{bg}(S_i) = \frac{D_{bg}(S_i)}{Max(D_{bg}(S))}$$

式中，$w(S_j, S_j+1)$ 为两个相邻超像素之间的颜色距离，其计算方法如式（6-3）所示。

$$w(S_j, S_{j+1}) = (l_j - l_{j+1})^2 + (a_j - a_{j+1})^2 + (a_j - a_{j+1})^2 \tag{6-3}$$

式中，(l_j, a_j, b_j) 为超像素 S_j 的 CIELab 的色彩均值。

其次，利用相同的方法计算 S_i 到前景 FS 的距离，距离越大说明该超像素与目标的差异越大，则其显著性越小，我们称其为 S_i 相对于前景的显著性，如式（6-4）所示：

$$D_{fg}(S_i) = \min_{S_i = S_1, S_2, \cdots, S_n = FS} \sum_{j=1}^{n-1} w(S_j, S_{j+1}),$$

$$s.t. (S_j, S_{j+1}) \in E \tag{6-4}$$

$$Saliency_{fg}(S_i) = 1 - \frac{D_{fg}(S_i)}{Max(D_{fg}(S))}$$

超像素 S_i 的显著性可以通过式（6-5）计算得到。

$$Salicney(S_i) = w_{bg} Saliency_{bg}(S_i) + w_{fg} Saliency_{fg}(S_i) \tag{6-5}$$

式中，w_{bg} 和 w_{fg} 为权值，可以调节背景和前景对显著性的影响，本书均取 0.5。

最后，定义像素 $(x，y)$ 的显著值 $Saliency(x，y)$ 为其所属的超像素的显著值，即可得到与输入图像对应的显著图。

6.3.4　多尺度分析

在对输入图像进行超像素分割时，超像素的尺度（每个超像素所包含的像素的个数）的选取对于分割结果有较大的影响。如果超像素的尺度较小，分割结果会保留图像的局部细节信息，则对应的显著性计算结果会体现图像的局部细节；如果超像素的尺度较大，分割结果会保留图像的全局结构信息，则对应的显著性计算结果会体现图像的整体结构。因此，为了得到更合理的显著性计算结果，本书选取不同的超像素尺度计算显著性，利用式（6-6）对得到的显著性度量结果进行多尺度融合，得到最终的显著值，具体的过程如图6-2所示。从图中可以观察到，当超像素的尺度较大时（第一行），显著性检测结果能够反映出整体的结构信息；当超像素的尺度变小时，检测结果则反映出图像的局部细节，最终将多个尺度下的检测结果融合，得到更准确合理的检测结果。

$$Saliency(x,y) = \frac{1}{n}\sum_{j=1}^{n} Saliency_j(x,y) \tag{6-6}$$

式中，$Saliency(x,y)$ 表示像素 (x,y) 最终的显著值，$Saliency_j(x,y)$ 表示像素 (x,y) 在第 j 个尺度下的显著值，n 表示进行了 n 种尺度分割。本书进行了 3 种不同超像素尺度的分割，分别为 150、300 和 600。

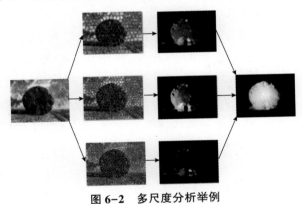

图6-2 多尺度分析举例

6.4 实验结果与分析

6.4.1 实验设置

为了客观地评估本书算法的正确性和有效性，我们进行了实验验证。

本书的实验运行环境为 Matlab 7.0，硬件平台为个人计算机（Intel Core i3/双核 2.53GHz CPU，内存为 2G）。

本书选择在四个标准的公开测试图像库上进行实验验证，分别是 MSRA-1000（文献［72］）、ECSSD（文献［93］）、SED（文献［94］）和 SOD（文献［135］）。MSRA-1000 是目前比较显著性检测结果最常用的测试图像库，库中包括 1000 幅自然图像，每幅图像只包含 1 个显著目标且背景比较简单。ECSSD 包含 1000 幅不同大小的包含多种目标的图像。SED 图像库中包含 200 幅图像，其中 100 幅含有单个目标，100 幅含有两个目标。SOD 测试图像库包含 300 幅图像，每幅图像包含一个或多个目标，并且背景比较复杂，被认为是比较有挑战性的测试图像库。这四个测试图像库均提供有人工标注的 Ground Truth 图像，方便我们进行客观的评价。

本书和目前大家关注度比较高的其他 10 种算法进行了实验对比。这 10 种算法分别为 GS-SP（文献［129］）、MR（文献［131］）（这两种方法均为利用背景先验的算法）、IT（文献［56］）（Itti 的引用最多的经典算法）、GBVS（文献［120］，Koch 等人的基于图论的视觉显著性计算方法，检测准确度较高）、SUN（文献［122］，利用图像统计信息的算法）、SR（文献［98］，基于频域分析的方法）、FT（文献［72］）、RC（文献［73］，基于全局对比度的方法）、SF（文献［127］，显著性过滤的算法）以及 HS（文献［93］，分层显著性检测算法）。这几种算法的作者都提供了源代码，方便我们进行实验比较。

6.4.2　直观对比

图 6-3 是本书算法和其他 6 种算法在四个测试图像库上的显著性检测结果的直观的对比。由于篇幅限制，本书在每个图像库中选取两个具有代表性的图像。直观地看，GS-SP 和 MR 这两个利用背景先验的算法的结果和 HS、RC 算法的结果相近，但是优于其余几个算法的结果。与 GS-SP 和 MR 算法相比，本书算法的结果更好，与 Ground Truth 更接近。例如，第 5 列、第 6 列和第 8 列这几幅图像中背景比较复杂或者背景与目标特征比较接近，GS-SP、MR、HS 和 RC 算法的结果在突出前景目标的同时，也提高了一些背景区域的显著性。而本书算法由于更准确地提取了背景，因而在计算显著性时能够有效地抑制背景区域，进而提高前景目标的显著性。

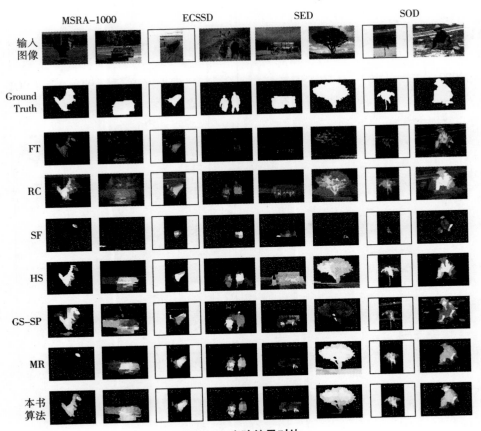

图 6-3　实验结果对比

6.4.3　P-R 曲线

为了客观地评价本书算法的效果，首先采用本领域常用的准确率-召回率（Precision-Recall）曲线对本书算法和其他算法进行定量分析比较。将各种算法得到的显著图调整到［0，255］，然后从 0 到 255 依次选取阈值将各算法的显著图进行二值化，并与 Ground Truth 进行比较，计算相应的准确率和召回率，画出准确率-召回率曲线。图 6-4 是各种算法在四个测试图像库的曲线图。从图中可以看出，在 MSRA-1000、ECSSD 和 SED 图像库上，本书算法的结果要优于其他算法，在 SOD 图像库上，本书算法和 MR、HS 算法相当。

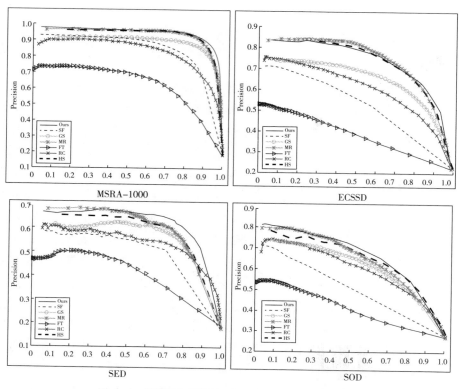

图 6-4　准确率-召回率（**Precision-Recall**）对比

6.4.4　F-Measure

F-Measure 用来对准确率和召回率进行综合考虑，如公式（6-7）所示。式中的 β 用来决定准确率和召回率的影响程度，本书取 $\beta^2 = 0.3$，使得准确率的权重高于召回率。

$$F_\beta = \frac{(1 + \beta^2)\,\text{Precision} \times \text{Recall}}{\beta^2 \times \text{Precison} + \text{Recall}} \qquad (6\text{-}7)$$

为了在同等条件下对各算法进行评价，采用自适应阈值分割策略，将阈值 T 设置为各显著图的平均值，计算所有图像的平均准确率、召回率以及 F-measure 进行比较。图 6-5 是本书算法和其他算法在四个测试图像库上的对比结果。从中可以看出，在 MSRA、SED 和 SOD 图像库上，本书算法的 F-Measure 是最大的，在 ECSSD 图像库中本书算法的 F-measure 值略小于 MR 算法。

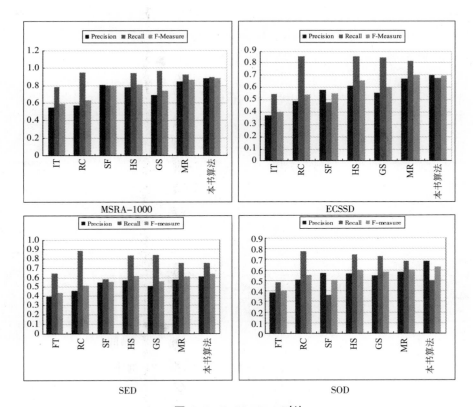

图 6-5　F-Measure 对比

6.4.5　平均绝对误差

准确率和召回率只考虑了图像中的目标点，对于一些能够将目标点分配更高显著值的算法在这两个指标上能够取得较好的结果。但是，准确率和召回率没有考虑图像中的非目标点（背景）的显著性，因此并不能全面地衡量显著性结果的好坏。因此，平均绝对误差（Mean Absolute Error, MAE）被用来作为评价显著性检测结果的另一种方式，其计算方法如式(6-8)所示。

$$MAE = \frac{1}{M \times N} \sum_{x=1}^{M} \sum_{y=1}^{N} |S(x,y) - GT(x,y)| \qquad (6-8)$$

式中，M 和 N 分别为图像的长和宽，$S(x, y)$ 表示像素 (x, y) 的显著值，$GT(x, y)$ 表示像素 (x, y) 在 Ground Truth 图像中的值。MAE 值越小，表明显著性结果与 Ground Truth 越接近，效果越好。本书算法和其他算法在四个测试图像库上的平均 MAE 值如表 6-1 所示。

表 6-1　MAE 对比

	MSRA-1000	ECSSD	SED	SOD
IT	0. 0284	0. 0277	0. 1196	0. 1029
GBVS	0. 0230	0. 0253	0. 1144	0. 0967
SUN	0. 0320	0. 0421	0. 1497	0. 1245
SR	0. 0299	0. 0268	0. 0980	0. 0972
FT	0. 0220	0. 0275	0. 1032	0. 1055
RC	0. 0248	0. 0281	0. 1115	0. 1063
SF	0. 0135	0. 0214	0. 0866	0. 0885
HS	0. 0112	0. 0171	0. 0987	0. 0910
GS-SP	0. 0100	0. 0181	0. 0806	0. 0832
MR	0. 0068	0. 0151	0. 0794	0. 0822
本书算法	0. 0059	0. 0153	0. 0699	0. 0781

从表 6-1 中可以看出，在 MSRA-1000、SED 和 SOD 图像库上，本书算法的 MAE 是最小的，在 ECSSD 图像库上，本书算法的 MAE 和 MR 算法接近，优于其他算法，这说明，本书算法的结果与 Ground Truth 最为相似。需要说明的是，在准确率–召回率曲线中，本书算法的曲线和 MR、HS 这两个算法的曲线比较接近，但是本书算法的 MAE 值却小于这两个算法。其原因在于，这些算法在提高目标显著性的同时使得背景（非目标）的显著性值也得到了提高，而本书算法在加强目标显著性时对背景的显著性进行抑制，因而得到的 MAE 最小。

6.5 本章小结

本章提出一种新的利用背景先验的显著性检测算法，根据边界性、差异性和相似性规则更为准确地提取背景，比目前现有仅利用边界作为背景的方法，得到的显著性检测结果更为准确有效。考虑到显著目标的尺寸的不同，为了得到更合理的检测结果，本书采用多尺度分析的方法，设置不同的超像素尺度，对不同尺度下的检测结果进行融合。在计算显著性时，除了计算各超像素与估计的背景之间的特征差异，还考虑到了各超像素与估计的前景之间的特征对比，得到的结果更准确。在 MSRA-1000、SED 和 SOD 三个公开的测试图像库上进行实验，本章算法在准确率、召回率、F-measure和平均绝对误差等指标上优于目标流行的算法，在 ECSSD 测试图像库上和目前优秀的 MR 算法相当，优于其他算法。

7　注意焦点选择和转移

7.1　引言

  对输入图像进行视觉显著性度量得到显著图之后，接下来需要做的就是如何根据显著图确定输入图像中注意焦点（Focus of Attention，FOA）和注意区域（Attention Area）。目前采用的主要方法是根据胜者全取（Winner-take-all）的原则，选取显著图中最显著的点作为注意焦点，选取以该点为中心的某个范围的空间区域作为注意区域。注意区域的大小和形状的确定比较困难，文献［54］采用固定大小的圆形区域作为注意区域，但是并不是所有的注意目标都具有相同的尺寸，选择的注意区域太小，不能包含完整的注意目标；选择的注意区域太大，又会包含过多的背景区域，浪费计算机的处理资源。文献［42］对其进行了改进，根据显著图选择注意焦点附近显著值大于某个阈值的区域作为注意区域，使得注意区域的大小和形状可以根据实际的注意目标的大小和形状而改变。

  确定出第一个注意焦点和注意区域之后，接下来需要解决"下一步向哪里看"的问题，即注意焦点的转移。现有模型中采用的主要方法是根据显著图中各部分的显著值按照显著值递减的顺序确定转移路线。注意焦点转移过程中需要考虑的一个机制是抑制返回（Inhibition of Return，IOR），抑制返回的概念最先由 Posner 和 Cohen 给出，他们在研究中发现如果观察者在一个区域内没有发现与目标有关的线索，则在接下来的搜索过程中该区域将不再作为查找范围，这种鼓励发现新线索的机制称为"抑制返回"。在视觉注意的计算模型中，按照显著值的大小进行注意焦点转移，如果不采用抑制返回的机制，注意焦点将会永远指向同一个目标，其他目标就不会获得注意。Koch 和 Ullman 提出一种实现抑制返回机制的方法，并被广泛采用，即一旦某个注意焦点获得注意之后，该注意焦点所在的注意区域的显著值将被减小，该区域在接下来的注意过程中将被屏蔽，不再参与竞争。当两个注意目标的显著程度相近时，采用"邻近优先"的原则，即距离当前注意焦点较近的目标作为下一个注意焦点。图 7-1 给出了一个注意焦点选择和转移的过程示例，该图来自文献［54］。

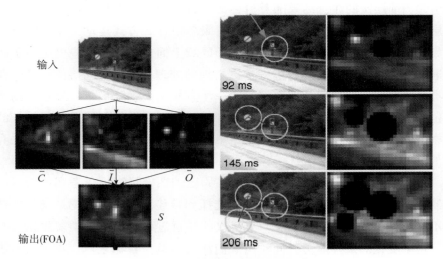

图 7-1　注意焦点选择和转移示例

7.2　人类视觉系统的注意焦点选择和转移

研究者通过神经生理学和心理学方面的实验，证明视觉注意与上丘、后腭叶和丘脑后节点等多个脑区的活动都有关系，并不是单独一个脑区的行为。人类视觉系统可以对视觉信息进行多个层次的信息处理。人类视觉系统的注意过程可分成三个层次：第一层是通过身体和头部的移动在整个视觉场景中进行搜索，一旦发现感兴趣的内容，身体和头部就停留在一个相对固定的位置和方向上，在视网膜的成像视觉子空间中形成一个有限的视野范围；第二层是在身体和头部位置不变的前提下，在当前视野范围内通过眼球运动搜索感兴趣的内容，如果发现感兴趣的目标，眼球的运动就从搜索移动变成颤动或者追随，颤动是对静止目标的注视，追随是对运动目标的跟踪。眼球的颤动是一种高频率的小幅度的运动，眼球颤动对视网膜的成像起着非常重要的作用。眼球颤动不会引起身体和头部位置的变化，因此并不会引起上一层注意结果的改变，而眼球追随运动却常常会引起眼球的移动，甚至头部乃至整个身体位置的改变。因此，眼球追随运动不仅会引起当前层次的注意结果随着目标的位置的改变而变化，还可能引起第一层的注意结果发生变化。不过，无论眼球以什么方式运动，注意焦点都会集中在比当前视野范围更小的一些子区域上面，然后对这些更小的子区域通过瞳孔聚焦的方式进行进一步更精细的处理，这是第三层的注意。在人类视觉系统注意过程的三个层次中，注意从整个视觉场景，到有限的视野范围，再到感兴趣内容所在的局部区域，进而对局部区域进行更精细的观察，视觉系统的计算资源被逐步地集中到更小的范围上，并不断地丢弃其他无关的或不重要的信息。

现有的注意焦点选择和转移方法在固定的图像尺度下仅考虑抑制返回机制和邻近优先原则进行注意焦点的选择和转移，与人类视觉系统的特性并不完全相符。人类视觉系统的分层次的注意过程反映出人类视觉系统具有分辨率变化的采样能力，同时当人们注意到某一目标之后，会进一步将注意力集中在该目标内部，选择目标内的子区域进行注意，直到彻底地理解该目标才跳出，转向图像中的其他区域。另外，注意焦点的转移方式分为显式注意（Overt Attention）和隐式注意（Covert Attention），二者的区别在于注意焦点的转移过程中是否伴随眼的运动。隐式注意的采样中心固定不变，中央凹不会随着注意焦点的移动而改变；显式注意的中央凹随着注意焦点的转移而移动，采样中心不断变化，采样的图像也不断改变。目前对显式注意研究得比较多，现有的注意焦点转移方式多属于显式注意，而对隐式注意研究得较少。综合以上分析，我们需要一种更符合人类视觉注意机制的注意焦点选择和转移方法，既能够模拟人类显式注意的过程又能实现隐式注意，为此本书采用一种深度优先的分层的注意焦点选择和转移机制。

7.3　注意焦点的选择和注意区域的确定

对输入图像计算视觉显著性，生成综合显著图之后，需要根据显著图选择注意焦点。现有模型中常用的方法是选择显著图中显著值最大的像素作为注意焦点，选择以注意焦点为中心的某个大小的区域作为注意区域。其中注意区域大小的确定比较困难，一些模型采用固定大小的区域，但是视觉场景中并不是所有的目标都具有同样的大小；另外一些模型采用可变大小的区域，结合显著点所在的区域的局部复杂性利用信息熵等因素计算显著区域的大小，计算比较复杂，另外，显著性最大的像素不一定位于注意区域的中心位置。

本书采用一种简单的方法选择注意焦点和确定注意区域。首先，利用阈值分割方法结合显著图提取图像中的显著区域，考虑到图像中噪声及干扰的存在，忽略那些面积小于整个图像面积 1% 的显著区域。

接下来根据胜者全取（Winner-Take-All）的原则和邻近优先的原则，利用式（7-1）选择显著图中距离上一个注意焦点位置最近并且显著值最高的像素作为注意焦点。

$$
\begin{cases}
(px^{t+1}, py^{t+1}) = \underset{x,y}{\mathrm{argmax}}\,(S^{t+1}(x,y) \times D(x,y)) \\
D(x,y) = \dfrac{1}{\sqrt{(x-px^t)^2 + (y-py^t)^2}}
\end{cases}
\tag{7-1}
$$

式中，(px^t, py^t) 为当前的注意焦点的位置，(px^{t+1}, py^{t+1}) 为下一个注意焦点的位置，$S^{t+1}(x, y)$ 为像素 (x, y) 的显著值，$D(x, y)$ 起到邻近优先的作用，即与当前注意焦点位置接近的区域会被优先注意到。

其中需要考虑到返回抑制的原则，抑制已经注意过的区域的显著性，在接下来的焦点选择过程中，这些区域将不再参与竞争。为此，我们利用式（7-2）修改显著图，当某个区域被注意过之后，在显著图中降低该区域的显著性。

$$
S^{t+1}(x,y) = \begin{cases}
0 & (x,y)\, has\ bee\, nfocused \\
S^t(x,y) & otherwise
\end{cases}
\tag{7-2}
$$

根据式（7-1）确定出注意焦点之后，选择注意焦点所在的显著区域作为注意区域。

7.4 分层注意焦点转移机制

选择出注意焦点和注意区域并处理之后，接下来需要解决的是下一步向哪里看的问题，即注意的转移。

在计算机图像处理中输入图像是在单一分辨率下获得的，为了模拟人类视觉系统多分辨率采样的能力，许多视觉注意计算模型都对原始输入图像进行多分辨率表示，进行多尺度分析。将得到的多尺度、多特征图像进行整合竞争，形成显著图，根据显著图在固定的尺度下按照显著性递减的顺序进行注意焦点的选择和转移。首先，这种方式将多尺度和多特征数据放到一起竞争，忽略了两种竞争的区别；其次，在固定尺度的静态的显著图指导下进行注意焦点选择和转移与人类视觉系统多分辨率采样、深度优先的转移机制并不相符。而且，在哪个尺度的图像下进行注意焦点选择和转移也是一个问题。图像的尺度（分辨率）对于目标的显著性有很大的影响。如果图像的分辨率较低，则图像中的较大目标容易获得注意，小目标容易被忽略；如果图像的分辨率较高，则小的目标容易获得注意。例如，当我们距离一个视觉场景较远时，会首先注意到场景中的大的物体，如房子等；而当我们走近时，我们的注意力就会集中在一些细节上，如屋顶、窗户等。

Sun 在文献［78］中提出一种基于编组的（Grouping-based）的分层视觉注意计算模型。该模型首先假设在每一层图像上均已手工完成区域编组，在每一层计算各编组的显著性。首先从分辨率最粗的一层图像开始，选择该层图像中最显著的一个编组作为注意焦点；接下来在下一层具有更高分辨率的图像上选择该编组内部包含的子编组作为注意焦点，持续这个深度优先的过程直到某一个编组中所有的子编组均已获得注意，则回溯到上一层图像继续这个过程。通过分析，我们发现该模型具有以下不足：

（1）该模型假定编组已经事先完成（具体实现的时候由人工确定编组）。虽然如何形成编组对于注意焦点的选择和转移没有影响，但是作为一个完整的视觉注意计算模型，如果不能根据图像由计算机本身自动地进行编组，则该模型就无法真正地用于计算机图像处理和计算机视觉应用领域中。

（2）该模型每一层的显著图是预先生成的，虽然焦点转移时考虑了抑制返回机制，但是本质上来说显著图是静态和固定的。在进行分层注意焦点选择和转移时，当选择某个编组作为注意焦点，进而提高分辨率在下一层对该编组内部的子编组进行焦点选择时，子编组的显著性的确定不是在这个编组内部进行度量，而是子编组所在的这一层图像的显著图在整幅图像的范围内进行度量。而实际情况是，当人们注意到某一目标后，会暂时忽略其他目标，对该目标内部的区域进行分析理解，直到彻底理解才跳出进而去注意其他目标。因此，对注意目标内部各成分的显著性的度量应该在这个目标的范围之内进行，而不应该在完整的图像范围内。这就是说，在每一层进行注意焦点选择和转移时所依据的显著图应该是不固定的，根据每一次选择的注意区域动态地计算该注意区域内部的显著图，依据内部显著图去指导该区域内部的子区域的焦点选择和转移过程。

针对以上分析，本书对 Sun 的分层视觉注意模型进行改进，提出了一个适用于计算机图像处理和计算机视觉等领域的分层注意焦点选择和转移的视觉注意计算模型。

7.4.1　基本思想

假定输入图像为 I，对 I 进行视觉显著性度量得到显著图后，根据显著图选择出第一个注意区域 R。当区域 R 获得注意之后，R 以外的其他区域暂时被忽略。将区域 R 作为输入图像并提高分辨率，用分析 I 的方法分析区域 R，计算其显著图。假设区域 R 中显著程度最高的区域为 R'，则选择区域 R' 作为第二个注意区域，当区域 R' 获得注意后，提高 R' 的分辨率，用同样的方法选择区域 R' 中显著值最高的区域 R'' 作为下一个注意区域。这个深度优先的注意过程一直持续到当前区域中未注意到的区域或者分辨率的级别达到系统设定的分辨率为止，回溯到上一层继续进行深度优先的注意焦点转移。例如，当区域 R'' 中所有的区域都获得注意之后，注意焦点返回到区域 R'' 的上一级区域 R'，继续选择区域 R' 中下一个显著区域进行分析。当整幅图像 I 中所有的显著区域都获得注意之后，整个注意焦点选择和转移过程终止。注意焦点选择和转移过程示例如图 7-2 所示。

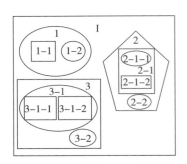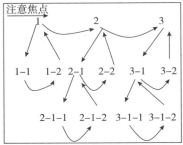

图 7-2　分层注意焦点选择和转移示例

假设输入图像 I 中有 3 个显著区域 1、2 和 3。假设区域 1 的显著值最大，首先选择区域 1 作为注意焦点，获得注意。区域 1 获得注意之后，对其内部区域进行分析，暂时忽略区域 2 和 3。假设区域 1 中包含两个子区域 1-1 和 1-2，其中 1-1 的显著值大于 1-2，则下一个注意焦点就是区域 1-1，按照同样的方法分析区域 1-1，假设区域 1-1 中没有突出的显著区域，则深度搜索的过程结束，注意回到上一级区域 1 中，选择下一个显著区域作为注意焦点，即区域 1-2。同样的道理，区域 1-2 中没有突出的显著区域，注意回到其上级区域 1 中。区域 1 中的所有的显著区域都已经获得注意，注意再次回到区域 1 的上级区域（输入图像 I），选择输入图像 I 中下一个显著区域作为注意焦点（区域 2）。接下来的转移路线为 2-1→2-1-1→2-1-2→2-2→3-1→3-1-1→3-1-2→3-2。当区域 3 分析完毕后，因为输入图像 I 中所有的显著区域都已经获得注意，注意转移过程终止。

7.4.2　实现过程

本书中将图像的尺度设定为 0 到 s 共 $s+1$ 级，从第 0 级到第 s 级的各层图像的分辨率逐级递减。假设原始输入图像的尺寸为 $W \times H$，则第 i 级图像的分辨率为 $\dfrac{W}{2^i} \times \dfrac{H}{2^i}$，即第 0 级图像的分辨率为原始输入图像的分辨率，分辨率最高，第 s 级图像的分辨率最低。为了模拟人类视觉系统由远及近、由粗到精的注意过程，同时为了节省计算资源，注意焦点的选择和转移从第 s 级开始。

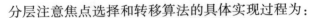

分层注意焦点选择和转移算法的具体实现过程为：

算法　分层注意焦点选择和转移算法

输入：图像 I，层数 s；

输出：各层的注意区域及注意焦点转移树。

过程：

步骤 1：$Level = s$，输出原始输入图像 I，并将其作为当前的注意区域；

步骤 2：利用第 4 章的算法，生成当前输入图像的综合显著图 SM；

步骤 3：结合显著图，提取当前输入图像中的各显著区域；

步骤 4：根据式（5-1）和式（5-2）的抑制返回机制和邻近优先的原则，选择显著值最高的显著区域作为下一个注意区域；

步骤 5：如果当前输入图像中所有的显著区域均已获得注意，并且 $Level = s$，转步骤 8；

步骤 6：如果当前输入图像中所有的显著区域均已获得注意，并且 $Level < s$，则注意焦点回到当前注意区域的上一级区域（父区域），$Level = Level + 1$，转步骤 4；

步骤 7：获得注意区域后，如果 $Level = 0$，即已经是在最精细的分辨率下，则不需要再对注意区域的子区域进行分析，则转步骤 4，直接选取下一个注意焦点。否则，$Level = Level - 1$，转步骤 2，对选取的注意区域在更高的分辨率下进行分析；

步骤 8：注意焦点选择和转移过程终止。

7.5　实验结果与分析

为了验证本书提出的具有分层注意焦点选择和转移能力的视觉注意模型的性能，本书选择在多幅具有真实视觉场景的自然图像上进行了实验验证。本书实验从两方面进行，一是本书的分层注意焦点选择和转移方法，二是传统的注意焦点选择和转移方法。

7.5.1 分层选择和转移

图7-3是本书实验中用到的其中一幅自然图像，其分辨率为640×480（图5-4中对其进行了缩小），实验中共分3层对其进行分析，每一层分辨率分别为160×120、320×240和640×480。实际实验中层数可以根据输入图像的分辨率动态地确定，如果输入图像的分辨率较高，则层数可以选择得多一些，否则层数选择得少一些，以保证图像的质量。

图7-3 输入图像

资料来源：Xiaodi Hou，Liqing Zhang（2007）。

首先从具有最粗分辨率160×120的一层图像开始，对原始图像进行1/4降采样得到这一层输入图像，然后对其进行视觉显著性度量，得到显著图。根据显著图提取显著区域，如图7-4所示，图中共包含3个显著区域。需要说明的是，本书算法可以提取任意形状的显著区域，但是因为每个显著区域要作为下一层的输入图像进行分层处理，所以本书选择包含显著区域的矩形区域来近似提取的显著区域。

从这3个显著区域中选择一个最显著的区域做进一步分析处理。将该区域作为输入图像并提高其分辨率，按照同样的方法生成显著图，提取其显

输入图像　　　　　　显著图　　　　　　显著区域

图7-4　第1层处理结果

著子区域，从中选择一个最显著的子区域，持续这个过程，直到具有最精细分辨率的一层，不再对内部区域进行分析。某一个区域的子区域全部分析完毕之后，回溯到上一层（该区域的父区域）继续这个过程。图7-5是第1个显著区域的深度优先处理过程。

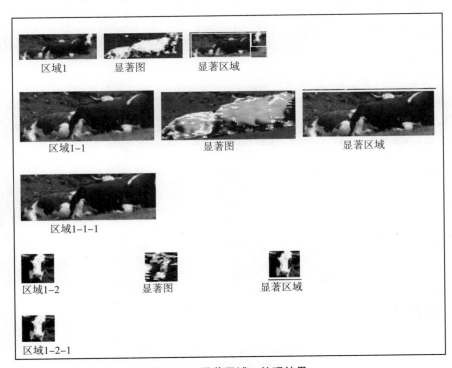

图7-5　显著区域1处理结果

　　当显著区域1的两个子区域1-1和子区域1-2分别处理完毕之后，注意焦点回溯到区域1的父区域，结合抑制返回机制和邻近优先的原则，选择第2个显著区域，按照同样的方法进行焦点的分层选择和转移，如图7-6所示。

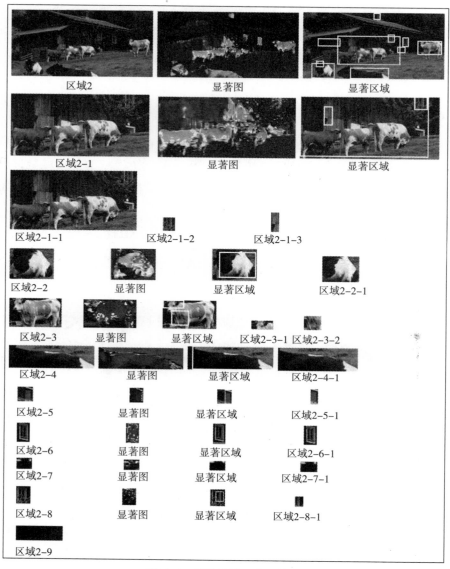

图7-6 显著区域2处理结果

当显著区域2的每个子区域分别处理完毕之后，注意焦点回溯到区域2的父区域，结合抑制返回机制和邻近优先的原则，选择第3个显著区域，按照同样的方法进行焦点的分层选择和转移，如图7-7所示。显著区域3处理完毕之后，注意焦点的选择和转移过程结束，完整的注意焦点转移路线如图 7-8 所示。

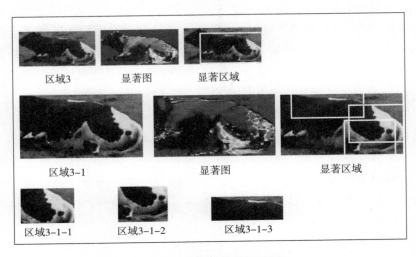

区域3　　　显著图　　　显著区域

区域3-1　　　　　　显著图　　　　　　显著区域

区域3-1-1　　　区域3-1-2　　　　区域3-1-3

图 7-7　显著区域 3 处理结果

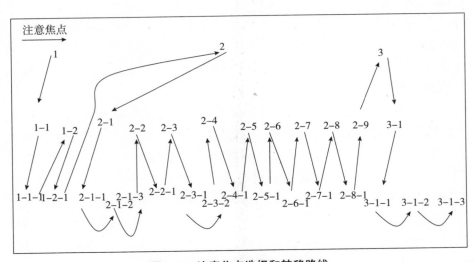

图 7-8　注意焦点选择和转移路线

7.5.2　实验比较与分析

为了比较本书采用的分层注意焦点选择和转移方法与传统的注意焦点

选择和转移方法，和 Itti 等的视觉注意计算模型的实验结果进行了比较。图 7-9 是利用其 SaliencyToolBox 进行实验得到的实验结果。本书的分层视觉注意计算模型与以 Itti 模型为代表的现有的视觉注意计算模型的区别在于：Itti 等的计算模型首先对原始输入图像提取亮度、颜色和方向特征图，然后对每类特征图生成 9 层高斯金字塔进行多尺度表示，在相邻尺度特征图之间进行 Center-Surround 运算，得到特征显著图，对特征显著图进行合并，得到最终的显著图。利用显著图结合抑制返回机制和邻近优先原则进行注意焦点选择和转移。虽然现有模型也对图像进行了多尺度分析，但是将多尺度图像和多特征图像放到一起进行竞争生成显著图，而没有真正地考虑图像的尺度对视觉显著性的影响，最终仍是在固定尺度的图像上进行注意焦点选择和转移，得到某一注意焦点之后并不能进一步对其内部区域和属性进行进一步的分析。

本书模型将多尺度分析和多特征分析分开进行，在每一尺度下对输入图像提取多种特征，特征图像之间通过竞争整合得到显著图，根据显著图选择注意焦点之后，可以提高其分辨率在下一尺度下对该注意区域进行更进一步的深入的分析处理。这样既考虑了图像尺度对于视觉显著性的影响，同时先在分辨率低的图像下进行分析，确定出注意焦点之后再对注意区域提高分辨率进一步分析处理，有效地节省了计算机资源，与人类视觉注意机制的原理一致。

为了更好地说明以上区别，我们来看另一幅图像的处理结果。图 7-10 为原始输入图像和 Itti 模型的视觉注意结果，图 7-11 为本书模型的视觉注意结果。通过对比我们可以看出，Itti 模型在固定的图像尺度下找到图像中的两个注意焦点（人脸）之后，焦点就转移到别的区域，并不能够进一步对人脸进行分析；而本书模型先从分辨率低的图像开始分析，找到显著区域之后，该区域获得焦点，在接下来的注意过程中，焦点集中在该显著区域上。为了更深入地了解该区域，提高其分辨率，在下一个尺度下对其进行分析处理，注意焦点分别在人脸的各个部位（眼部、嘴部、额头等）进行转移，从而达到对注意区域的彻底深入的理解。之后，注意焦点从该区域跳出，继续在图像中选择其他注意焦点进行分析处理。

与其他模型相比，本书模型的优点在于：

（1）本书模型既实现了显式注意，同时又对隐式注意进行了研究。在确定一个注意区域后对其进行深度优先分析的过程中，模拟的就是人类的

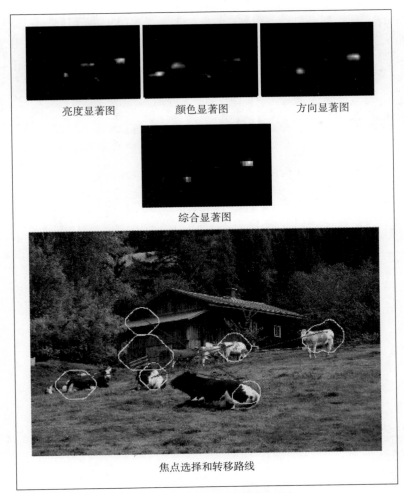

亮度显著图　　　　颜色显著图　　　　方向显著图

综合显著图

焦点选择和转移路线

图 7-9　Itti 模型焦点选择和转移结果

隐式注意机制，采样中心不变，采样的分辨率发生变化。而当一个注意区域分析完毕之后，注意焦点转移到另外一个注意区域的过程，模拟的就是人类视觉系统的显式注意机制，即采样中心发生改变。

（2）本书模型比较灵活，可以很方便地增加高层控制。首先，分层选择的层数可以控制，如果选择一层，则本书模型所采用的注意焦点选择和转移方法就与现有模型常用的方法一致，只考虑抑制返回机制和邻近优先原则。如果选择多层，则进行深度优先的分阶层注意焦点选择和转移；其次，可以控制是否进行深度优先转移，即确定好注意焦点和注意区域之后，

输入图像   Itti模型焦点选择和转移路线

图 7-10 Itti 模型焦点选择和转移结果 2

可以根据高层的控制信息决定是对该注意区域进行更深一层的分析，还是从该区域跳出，注意焦点转移到同一层的下一个区域。

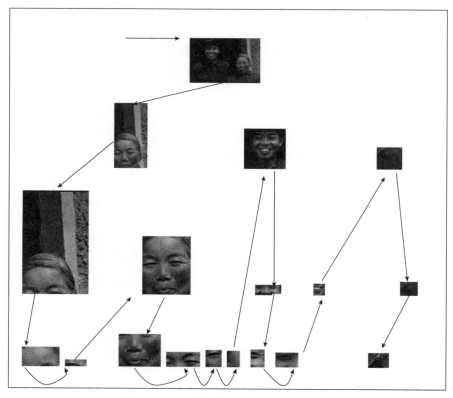

图 7-11 本书模型焦点选择和转移结果

（3）本书模型可以和具体的任务相结合，如目标检测和目标识别等计算机图像处理和模式识别任务，根据具体的任务控制注意焦点选择和转移过程。当发现某个区域不包含目标的特征时，可以直接从该区域跳出，转向其他区域，如果在该区域能够发现目标的某些特征，则对该区域进一步分析和处理，有效地节省了计算资源。

（4）本书模型将尺度竞争和特征竞争分开进行，分层次进行焦点选择和转移。每一层图像的各种特征图进行整合竞争，形成显著图作为焦点选择和转移的依据。既考虑了不同图像尺度、不同特征对于视觉注意的影响，又避免了现有模型将尺度和特征放到一起进行竞争整合的缺点。

（5）与 Sun 的基于编组的分层视觉注意模型相比，本书模型不用预先人工进行编组，注意区域的大小和形状的确定都是自动进行的；同时，本书模型所采用的显著图是动态生成的，计算各子区域的显著性也是在某个区域内部，暂时忽略图像中其他区域的影响，而不是在整幅图像范围内进行，更符合人类视觉系统的特性。

7.6 本章小结

本章对注意焦点的选择和转移方法进行了研究，在分析现有方法存在的不足和缺陷的基础上，提出一种分层的深度优先的注意焦点选择和转移方法。该方法首先在较低分辨率的层次上对图像进行分析，选择最显著的区域作为注意焦点后，提高分辨率对该注意区域进行更进一步的分析，持续这个深度优先的过程，直到图像中所有的显著区域都获得注意，焦点的选择和转移过程结束。

8 基于物体的视觉注意计算模型

8.1 引 言

视觉注意认知模型的研究在视觉注意发生的阶段和视觉注意选择的单元两个方面产生了争论。对于视觉注意发生阶段的争论主要存在两种观点：早期注意和晚期注意。早期注意的观点认为注意发生在视觉通路的早期阶段，如过滤器模型和衰减模型，只有感兴趣的信息才会进入到高层视觉被分析处理；晚期注意的观点认为注意发生在视觉通路的晚期阶段，如反应选择模型，输入的信息都被分析处理，进入到高层视觉才进行注意。注意选择的基本单元是视觉注意的关键问题，目前争论主要集中在基于空间的观点和基于物体的观点之间。

基于空间的观点认为大脑不能同时对输入的所有信息都进行有效的加工，注意就像一个"探照灯"（spotlight）一样在视觉场景中移动，只有落入"探照灯"聚焦区域以内的视觉信息才能得到有效的分析处理，而不在聚焦范围以内的信息则被忽视。而基于物体的观点则认为注意的基本单元是预注意阶段已经组织好的感知单元或物体。当注意集中于某个感知物体时，属于该物体的各部分内容都可以获得平行的加工，而其他物体则只能获得串行加工，因此注意是基于物体的。

基于空间的观点和基于物体的观点都在寻找相应的实验证明。1993 年 Mangun 通过事件相关电位记录（Event-Related Potentials，ERP）实验，证明基于空间的注意与特定的 ERP 变化模式之间是有联系的。1994 年 Heinze 和 Woldorff 将 ERP 实验与正电子发射断层扫描术（Position Emission Tomograhpy，PET）实验结合，对基于空间的注意选择的时间进程和皮层定位进行了进一步的研究。Hillyard 在 1998 年的研究中指出，在视觉通路的不同阶段上空间注意可能由抑制和增强两种不同的过程组成，抑制过程对注意区域之外的输入信息进行抑制，增强过程对注意区域内的输入信息进行增强。而 Duncan、Heinke 和 Humphreys 等则否认"探照灯"的存在，他们认为基于空间的注意模型只强调了空间区域的分割与空间位置的判断，却忽视了目标的判断与分析，在一个复杂的视觉场景之中，目标之间的重叠和遮挡等因素都会引起注意在空间上的不连续。一些研究者指出，基于物体的注意焦点选择比基于空间的注意焦点选择更有效，准确度更高，发现无意义目标的概率更小。O'Craven 在 1997 年通过 FMRI（Functional Magnetic Resonance Imaging）研究证实了基于物体的注意选择的存在。Czigler 等于 1998 年对两种特征分别属于不同物体和同一物体时的 ERP 变化模式进行了研究，研究结果表明基于物体的注意能够促进对相关特征的搜索。Valdes-Sosa 也为基于物体的注意模型提供了相应的 ERP 证据。

基于空间的注意和基于物体的注意，这两种观点的争论与视觉感知理论中局部优先和整体优先的争论一样，哪种理论更可信，更符合人类视觉注意的生理机制，目前并没有统一的结论。越来越多的研究表明，局部优先和整体优先是密不可分的，随情况的不同而改变。同样，基于空间的注意和基于物体的注意二者并不是互相矛盾的，而应该是相辅相成的，注意既是基于空间的，也是基于物体的，在局部优先时基于空间的注意占主导地位，在整体优先时基于物体的注意占主导地位。

目前大多数视觉注意计算模型是基于空间的，视觉场景中各点的亮度、颜色和方向等局部特征经过整合竞争得到显著图，依次选取显著图中最显著的点，以该点为中心的某个范围的空间区域作为注意区域。基于空间的视觉注意计算模型存在的一个问题是注意区域的大小和形状难以确定；另一个问题是注意焦点的转移按照显著值的大小顺序进行，有可能转移到没有意义的区域，没有考虑注意目标的整体性和完整性。

近几年来越来越多的心理学行为实验结果支持了基于物体的视觉注意，一些研究者开始进行基于物体的视觉注意的计算模型的研究，并且广泛应用于场景分类、图像分割、目标跟踪和识别等领域。基于物体的注意模型以早期的格式塔知觉心理学理论为基础，认为注意的基本单元是在预注意阶段已经组织好的感知单元或物体。当注意焦点集中于某物体时，该物体内部各部分均可获得平行的加工，而对其他物体只能进行串行加工，即注意焦点从一个物体转移到另一个物体。Sun 于 2003 年在 Duncan 整合竞争理论的基础上提出一种基于物体的视觉注意计算模型，该模型假定编组和聚类已经事先完成，根据各编组的亮度、颜色和方向等初级特征形成显著图引导视觉注意。但是该模型假设图像已经完成感知物体的分类，主要研究基于物体的注意选择和转移，并没有对感知物体的定义和提取进行研究。文献 [80] 和文献 [96] 通过分析感知物体和其周围领域在灰度特征上的均匀性来提取感知物体，但是一个物体内部的属性并不总是一致的、均匀的，因此该方法也有其局限性。邹琪等在文献 [82] 和文献 [147] 中提出一种利用边缘信息进行编组的方法来提取感知目标，首先提取多个尺度下的边缘信息，保留重要边缘，进行轮廓编组，获得感知目标；根据各目标的边缘重要性、区域对比性和轮廓闭合性等因素，计算各目标的显著值引导视觉注意，算法实现比较复杂。邵静在文献 [3] 和文献 [83] 中提出一种基于图像固有维度和区域增长的感知物体提取方法，首先选取感知物体种子区域，结合区域的固有维度指导区域增长，得到感知物体。该方法仍存在一些问题，基于区域增长的感知物体提取方法效率不高，提取的感知物体仍含有背景区域，边缘与实际的物体边缘并不吻合。

感知物体的定义和提取是基于物体的视觉注意模型的关键问题，没有科学有效的感知物体的定义和提取方法，就没有系统而完善的基于物体的视觉注意计算模型。针对以上分析的感知物体提取方法中存在的问题和不足，本章以建立一个基于物体的视觉注意计算模型为目标，重点对感知物体的定义和提取方法进行研究，提出了一种更合理有效的感知物体检测和提取方法。

8.2　感知物体的定义

为了实现基于物体的视觉注意计算模型，必须给出感知物体的定义，在该定义的指导下进行感知物体的提取。需要说明的是，本章包括以后提到的"物体"指的是"感知物体"（Perceptual Object）或"原型物体"（Proto-Object），而非现实世界中的"语义物体"。因为在自下而上的数据驱动的视觉注意计算模型中，没有高层知识的指导，不可能把底层特征差别很大的图像区域组织成"人""树""花"等语义物体。

以 Marr 为首的初期特征分析理论认为，知觉过程开始于对物体的简单初期特征的分析，是由局部性质到大范围性质的。人们首先感知物体的简单组成部分，然后才感知到整个物体。初期特征分析理论最大的困难在于"特征绑定问题"，该理论认为最初的知觉过程把物体分解为知觉的各种局部特征，随后的知觉过程在这些局部特征的基础上识别出整个物体。问题是如何把这些分解的特征结合起来形成整个物体，这就是"特征绑定问题"。特征绑定问题是目前认知科学的一个根本性难题，虽然近几年来特征绑定问题得到了广泛的重视和大量的研究，但是并没有形成共识和得到有效的解决。

初期整体知觉理论认为知觉过程开始于物体的整体性的知觉，是由大范围性质到局部性质。在对物体的局部性质进行分析之前，视觉系统首先获得物体整体性的知觉，根据需要在随后的阶段才对物体的局部性质进行分析。格式塔（Gestalt）心理学是初期整体知觉理论的代表。格式塔心理学是西方现代心理学的主要流派之一，根据其原意也称为完形心理学，完形即整体的意思。格式塔心理学对视觉组织的基本原则包括：

（1）图形与背景。在一定的视觉场景内，有些对象突现出来形成图形，有些对象退居到衬托地位而成为背景。一般来说，图形与背景的区分度越大，图形就越可能突出而成为我们的知觉对象。例如，我们在寂静中比较容易听到清脆的钟声，在绿叶中比较容易发现红花。反之，图形与背景的区分度越小，就越是难以把图形与背景分开，军事上的伪装便是如此。

（2）接近性和连续性。距离较短或相互接近的部分容易组成整体。

（3）完整性和闭合性。彼此相属构成封闭实体的各部分，容易组合成整体。反之，彼此不相属的部分，则容易被隔离开来。

（4）相似性。在某一方面相似的各部分趋于组成整体。

（5）简单性。具有对称、规则、平滑的简单图形特征的各部分趋于组成整体。

根据格式塔心理学的完形法则，本书利用式（8-1）定义感知物体：

$$PO = \{E, HRs, SM\} \tag{8-1}$$

式中，PO 表示感知物体，E 表示该感知物体的轮廓边缘，HRs 表示该感知物体内部包含的同质区域（Homogeneous Regions），SM 表示感知物体的视觉显著性度量结果。从式（8-1）可以看出，一个感知物体是由一个边缘轮廓包围起来的一个或多个同质区域组成，边缘体现了格式塔完形法则中的完整性和闭合性，同质区域体现了格式塔法则中的连续性、相似性和简单性。每个感知物体都有一个显著值，作为注意焦点选择和转移的依据。

8.3　感知物体的提取

根据上一节给出的感知物体的定义，我们可以进行感知物体的提取，具体的提取过程为：

算法 1：感知物体提取算法

输入：原始图像 I；

输出：感知物体集合 PO。

步骤 1：对输入图像提取边缘，得到边缘集合 E；

步骤 2：根据输入图像中各像素的颜色、亮度等特征的相似性进行区域聚类，得到各同质区域集合 R；

步骤 3：利用第 4 章的算法对输入图像进行视觉显著性度量，得到显著图 SM；

步骤 4：结合显著图 SM 和边缘集 E，提取显著封闭边缘 E_c；

步骤 5：结合显著图 SM 和同质区域集合 R，提取显著区域 R_s；

步骤 6：将显著封闭边缘 E_c 和显著区域 R_s 进行组合，得到感知物体集合 PO。

具体的边缘提取算法、显著封闭边缘提取算法以及同质区域提取算法将在后续的章节中进行介绍。

8.3.1　边缘提取

边缘信息是图像的一个非常重要的属性，在图像分析领域起着非常重要的作用。图像中两个具有不同特征值的相邻区域之间总存在着边缘，边缘是特征值不连续的结果。对于彩色图像来说，边缘可以由亮度变化引起，也可以由颜色变化引起。传统的边缘检测方法大多是基于灰度图像的，没有充分利用彩色图像的全部信息。本书采用文献［150］中提出的彩色边缘检测算法，并对其进行改进，使其更符合本书的需求。具体的边缘检测算法如图8-1所示，图8-1来自文献［150］，本书根据需要对其进行了修改。

彩色图像边缘检测需要在特定的颜色空间中进行，因此首先将原始图像从 RGB 颜色空间转换为 HSI 颜色空间，得到 H、S、I 三幅伪灰度图像。为了去除图像中的噪声，需要对其进行高斯滤波，得到滤波后的 H、S、I 伪灰度图像。对三幅伪灰度图像分别进行边缘检测，得到三幅边缘图像 E_H、E_S 和 E_I。最后对三个通道的边缘图像进行融合，得到最终的边缘图像。

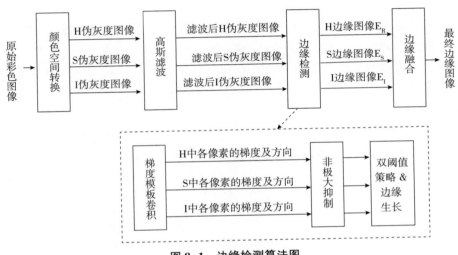

图 8-1　边缘检测算法图

对 H、S 和 I 通道进行边缘检测的过程包括以下几个步骤：

（1）选择合适的梯度算子对 H、S 和 I 伪灰度图像进行卷积。边缘是由特征值不连续形成的，而特征值的不连续性可以利用求导数的方法检测到。常用的边缘提取方法如微分算子、Laplacian 算子、Canny 算子等都是基于这一原理。本书选择 Kirsch 算子对图像进行卷积进行边缘检测，其基本原理是对图像中的每个像素考察其 8 个相邻点的灰度变化情况，以其中 3 个相邻点的加权和减去其余 5 个相邻点的加权和。3 个相邻点环绕不断移位可以得到 8 个 3×3 的模板，分别代表一个特定的检测方向，分别记为 K_0、K_1、K_2、K_3、K_4、K_5、K_6 和 K_7，如图8-2所示。利用这 8 个模板对图像中的每个像素 (x, y) 进行运算，b_i 为该像素经过第 i 个模板处理后的边缘强度，则该像素

的边缘强度 $s(x, y) = \max_i \{b_i\}$ ($i = 0, 1, \cdots, 7$)，同时可以获得该像素的边缘方向 $d(x, y) = \{i \mid b_i$ 为最大值$\}$ ($i = 0, 1, \cdots, 7$)。

（2）对得到的边缘进行非极大值抑制。Kirsch 算子得到的边缘线宽一般不是单像素的，在图像的细节区域会造成边缘的模糊，因此需要进行非极大值抑制，保留局部极大值。具体的做法是：根据梯度的方向，如果某一像素点边缘强度不比该梯度方向上的两个相邻像素的边缘强度大，则进行抑制，令其边缘强度为 0。

（3）阈值化及边缘生长。为了去除假的边缘，常用的做法是选取一个阈值，将边缘强度低于该阈值的像素点赋值零。仅用一个阈值，提取的边缘对于阈值的选择非常敏感，阈值选取得小，则会将许多非边缘像素误检为边缘点；阈值选取得大，则又会漏掉许多边缘像素。为此，本书采用双阈值法。双阈值算法选取两个阈值 t_1 和 t_2，且 $2t_1 \approx t_2$，从而可以得到两个阈值边缘图像 E_1 和 E_2。由于 E_2 使用高阈值得到，因而含有很少的假边缘，但有间断（不闭合）。双阈值法要在 E_2 中把边缘连接成轮廓，当到达轮廓的端点时，该算法就在 E_1 的 8 邻点中寻找可以连接到轮廓上的边缘点，这样，算法不断地在 E_1 中收集边缘点，直到将 E_2 连接起来为止。

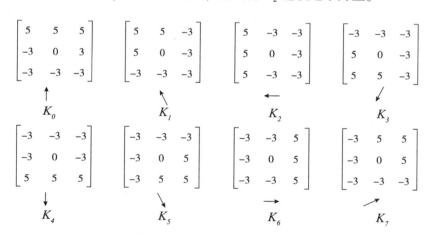

图 8-2 Kirsch 算子模板及方向

得到三个通道的边缘图像 E_H、E_S 和 E_I 后，需要对这三个边缘图像进行融合，得到最终的边缘图像。具体的边缘融合的过程为：

（1）对于图像中的每一个像素 (x, y)，利用式（8-2）综合 HSI 三个通道的边缘信息。

$$\begin{cases} E_1(x,y) = E_H(x,y) \mid E_S(x,y) \mid E_I(x,y) \\ E(x,y) = E_H(x,y) \& E_S(x,y) \mid E_S(x,y) \& E_I(x,y) \mid E_I(x,y) \& E_H(x,y) \\ D(x,y) = D_k(x,y), s_k(x,y) = \max(s_H(x,y), s_S(x,y), s_I(x,y)), k \in \{H,S,I\} \end{cases}$$

$$(8\text{-}2)$$

（2）对于图像中的像素 (x,y)，$2 \leqslant x \leqslant M$，$2 \leqslant y \leqslant N$，如果 $E(x,y) = 1$，并且 $\sum_{i=x-1}^{x+1}\sum_{j=y-1}^{y+1} E(i,j) \leqslant 3$，则根据该像素的梯度方向，按以下规则修改位于梯度方向上的两个相邻像素的边缘强度：

a）如果 $D(x,y) = 0$ 或 $D(x,y) = 4$，则 $E(x-1,y) = E_1(x-1,y)$，$E(x+1,y) = E_1(x+1,y)$；

b）如果 $D(x,y) = 1$ 或 $D(x,y) = 5$，则 $E(x+1,y+1) = E_1(x+1,y+1)$，$E(x-1,y-1) = E_1(x-1,y-1)$；

c）如果 $D(x,y) = 2$ 或 $D(x,y) = 6$，则 $E(x,y+1) = E_1(x,y+1)$，$E(x,y-1) = E_1(x,y-1)$；

d）如果 $D(x,y) = 3$ 或 $D(x,y) = 7$，则 $E(x-1,y+1) = E_1(x-1,y+1)$，$E(x+1,y-1) = E_1(x+1,y-1)$。

8.3.2　显著边缘

利用上面的方法提取边缘之后，需要对提取的边缘集合做进一步的处理，去除一些不太重要的边缘，只保留重要边缘作为感知物体轮廓的基础。一般来说，一个视觉场景中的物体作为前景目标应该是比较显著的，而作为物体轮廓的边缘其视觉显著性也应该是比较高的，为此，我们首先根据显著图提取显著边缘。

假设 $E = \{e_1, e_2, \cdots, e_n\}$ 为提取的边缘集合，利用式（8-3）可以计算出每条边缘的显著性。

$$\begin{cases} S_E(e_i) = w_l \times L(e_i) + w_s \times S(e_i) \\ S(e_i) = \dfrac{\sum_{j=1}^{L(e_i)} S(x_j, y_j)}{L(e_i)} \end{cases}$$

$$(8\text{-}3)$$

式中，$L(e_i)$ 为边缘 e_i 的长度，本书取边缘 e_i 中包含的像素个数；$S(x_j,$

y_j）为像素（x_j，y_j）的显著值，本书取以像素（x_j，y_j）为中心的一个 3×3 邻域的平均显著值；$S(e_i)$ 为边缘 e_i 中所有像素的平均视觉显著值；$S_E(e_i)$ 为边缘 e_i 最终的显著性。在计算每条边缘的显著性时，综合考虑了边缘长度和边缘像素的显著值因素，w_l 和 w_s 分别为两方面因素的权值，本书中 $w_l = 0.2$，$w_s = 0.8$。考虑边缘长度是为了去除一些比较细小的噪声边缘，保留一些较长的显著边缘，这些边缘最有可能成为物体的轮廓。

计算出每条边缘的显著性之后，利用式（8-4）可以得到显著性较高的边缘集合。

$$E_S = \{e_i \mid S_E(e_i) \geqslant T, i = 1, 2, \cdots, n\} \tag{8-4}$$

式中，T 为阈值，本书取所有边缘显著值的平均值。

利用上述方法提取显著边缘之后，可以得到一个显著边缘集合 E_S，在这些显著边缘中，有些边缘是封闭的，有些是断裂的，不能构成封闭的物体轮廓，因此根据格式塔法则中的封闭性法则，需要对这些断裂的边缘进行一些后续处理，得到封闭的物体轮廓。一些文献中已经给出了边缘封闭的方法，如利用 Hough 变换的方法（文献［152］）、利用图论的方法（文献［153］和文献［154］）和利用曲线比率的方法（文献［155］）等，但是这些方法的计算复杂度较高。为了降低计算复杂度，节省计算资源，本书采用以下简单的规则进行边缘封闭操作。

假设 $E_C = \{e_j \mid e_j \ is \ closed, j = 1, 2, \cdots, m\}$ 为封闭的显著边缘集合，初始为空。对显著边缘集合 E_S 中的每一条显著边缘 e_i 执行以下过程：

（1）如果 e_i 是封闭的，则直接把 e_i 加入到封闭边缘集合 E_C 中，并从集合 E_S 中去除；

（2）如果 e_i 不封闭，则 e_i 包含两个端点（只有一个相邻边缘像素的边缘点，这里不考虑边缘方向，不分起点终点）。如果这两个端点之间的距离小于 d（本书 $d = 5$），则直接连接这两个端点，构成一个封闭边缘，加入到集合 E_C 中，并从集合 E_S 中去除；

（3）如果 e_i 自身的两个端点不能直接连接，则判断 e_i 的某个端点可以和边缘 e_j 的某个端点连接，则 e_i 和 e_j 合并，构成一个新的边缘加入到集合 E_S 中，而 e_i 和 e_j 从集合 E_S 中去除；

（4）如果 e_i 被某个封闭边缘包围，说明 e_i 是由物体内部的特征不连续造成的，不属于物体轮廓，则直接将 e_i 从集合 E_S 中去除；

（5）如果 e_i 不能和任何其他边缘连接合并构成封闭轮廓，则将 e_i 从集

合 E_S 中去除。

重复以上过程直到集合 E_S 为空，则集合 E_C 中的边缘即为最终的显著且封闭的边缘。

图 8-3 为显著封闭边缘提取的示例图。图中第 1 行为原始图像，第 2 行为显著图，第 3 行是提取的边缘图像，第 4 行是最终得到的显著并且封闭的边缘集合。

图 8-3　显著封闭边缘提取

8.3.3　显著区域提取

根据前面给出的感知物体的定义，感知物体由一个封闭轮廓包围起来的一个或多个同质区域组成。大多数文献都是采用特定的聚类算法，将图像划分为若干个同质区域。基于图论的聚类算法是目前比较常用的一种对图像中的各个像素进行区域划分的方法，其基本思想是将图像映射为一个带权无向图，把图像中的像素作为节点，两节点属于同一区域的可能性表示为连接它们的边的权值，根据图的某种划分准则建立相应的函数，该函数的最小值对应图像的一个最佳划分。根据这个思想，研究者提出了多种划分准则，例如最小划分准则、归一化划分准则和平均划分准则等。由于归一化划分准则的规范性和良好性能, 本书选择 Shi 等提出的归一化划分准则进行同质区域提取。

给定一个输入图像, 首先建立一个带权的无向图 $G = (V, E, W)$, 其中 V 为节点的集合, 对应图像中的像素, E 为两个像素节点之间的边的集合, W 为一个 $N \times N$ 的相似度矩阵 (N 为节点的个数), 其中 w_{ij} 表示像素 i 和像素 j 之间相似的程度, 作为连接像素 i 和像素 j 的边的权值, 其计算公式为:

$$
w_{ij} = \begin{cases} e^{\frac{-\|F(i)-F(j)\|_2^2}{\sigma_F^2}} \times e^{\frac{-\|X(i)-X(j)\|_2^2}{\sigma_X^2}} & if \| X(i) - X(j) \| \leq r \\ 0 & otherwise \end{cases} \quad (8-5)
$$

式中, $X(i)$ 表示像素 i 的位置, $F(i)$ 表示由像素 i 的亮度、颜色和方向等特征值组成的向量, σ_F、σ_X 为两个尺度因子, 本书取 $\sigma_F = 5.0$, $\sigma_X = 6.0$, r 为距离参数, 为了降低计算量, 当两个像素的距离大于 r 时, 不再考虑两个像素的相似值, 实验中取 $r = 1.5$。

接下来计算图像中每个像素距离其他所有像素的连接权值之和 $d_i = \sum_i w_{ij}$, 以 d_i 为对角线元素构造一个 $N \times N$ 的对角矩阵 D。求解特征方程 $(D - W)x = \lambda Dx$, 得到其第二小的特征值, 并计算其对应的特征向量。

利用求出的特征向量对图像进行划分, 将图中的节点划分为两个节点集合 $A = \{V_i \mid y_i > 0\}$ 和 $B = \{V_i \mid y_i \leq 0\}$。重复这个过程, 直到 $Ncut$ 值大于预先设定的阈值, 本书取 0.14。$Ncut$ 值的计算方法如式 (8-6) 所示。

$$
\begin{cases} cut(A,B) = \sum_{u \in A, v \in B} w(u,v) \\ assoc(A,V) = \sum_{u \in A, t \in V} w(u,t) \\ Ncut(A,B) = \frac{cut(A,B)}{assoc(A,V)} + \frac{cut(A,B)}{assoc(B,V)} \end{cases} \quad (8-6)
$$

按照以上方法对输入图像进行划分, 得到同质区域集合 $R = \{r_1, r_2, \cdots, r_n\}$, 在这些同质区域中有一些区域不属于感知物体而属于背景区域, 因此需要对得到的同质区域集合进行筛选, 去除一些区域。与提取显著边缘的方法类似, 我们根据显著图, 只保留一些显著区域。

首先, 利用式 (8-7) 计算每个同质区域的显著值。

$$\begin{cases} S_R(r_i) = w_a \times Area(r_i) + w_s \times S(r_i) \\ \\ S(r_i) = \dfrac{\displaystyle\sum_{j=1}^{Area(r_i)} S(x_j, y_j)}{Area(r_i)} \end{cases} \qquad (8-7)$$

式中，$Area(r_i)$ 为区域 r_i 的面积，本书取区域 r_i 中包含的像素个数；$S(x_j, y_j)$ 为像素 (x_j, y_j) 的显著值，本书取以像素 (x_j, y_j) 为中心的一个 3×3 邻域的平均显著值；$S(r_i)$ 为区域 r_i 中所有像素的平均视觉显著值；$S_R(r_i)$ 为区域 r_i 最终的显著性。在计算每个同质区域的显著性时，综合考虑了区域面积和区域像素的显著值因素，w_a 和 w_s 分别为两方面因素的权值，实验中取 $w_a = 0.2$，$w_s = 0.8$。

计算出每个同质区域的显著性之后，利用式（8-8）可以得到显著性较高的同质区域集合。

$$R_S = \{ r_i \mid S_E(r_i) \geqslant T, i = 1, 2, \cdots, n \} \qquad (8-8)$$

式中，T 为阈值，本书取所有同质区域显著值的平均值。

8.3.4　边缘区域融合

提取出显著封闭边缘和显著同质区域之后，需要将边缘信息和区域信息进行融合，得到最终的感知物体。具体的融合过程为：

（1）对显著封闭边缘集合 E_C 中的每一条边缘 e_i，判断 e_i 所包围的区域与显著区域集合 R_S 中每一个区域 r_j 是否相交，如果有交集，则将 e_i 所包围的区域与区域 r_j 合并；

（2）如果 e_i 所包围的区域与显著区域集合 R_S 中所有区域都不相交，则去除边缘 e_i；

（3）如果显著区域集合 R_S 中的某个区域 r_j 与边缘集合 E_C 中的所有边缘包围的区域都不相交，则去除 r_j。

8.4　基于物体的显著性计算

物体的显著性由物体内部所有像素的平均显著性和物体的面积两方面

因素决定,可以通过式(8-9)计算得到。

$$
\begin{cases}
S(O_i) = w_a \times Area(O_i) + w_s \times S_{avg}(O_i) \\
\\
S_{avg}(O_i) = \dfrac{\displaystyle\sum_{j=1}^{Area(O_i)} S(x_j, y_j)}{Area(O_i)}
\end{cases}
\tag{8-9}
$$

式中,$Area(O_i)$ 为感知物体 O_i 的面积,本书取物体 O_i 中包含的像素个数;$S(x_j, y_j)$ 为像素 (x_j, y_j) 的显著值,本书取以像素 (x_j, y_j) 为中心的一个 3×3 邻域的平均显著值;$S_{avg}(O_i)$ 为物体 O_i 中所有像素的平均视觉显著值;$S(O_i)$ 为物体 O_i 最终的显著性。在计算每个物体的显著性时,综合考虑了物体的面积和物体内部像素的平均显著值因素,w_a 和 w_s 分别为两方面因素的权值,本书中 $w_a = 0.2$,$w_s = 0.8$。

8.5 注意焦点选择和转移

注意焦点的选择和转移可以通过两种方式进行,一种是按照每个感知物体的显著性大小,选取显著性最大的一个感知物体作为注意焦点,同时结合抑制返回机制和邻近优先原则,注意焦点在各个感知物体之间进行转移;一种是利用第 5 章提出的分层的深度优先的注意焦点选择和转移方法,首先在分辨率较低的层次上提取感知物体,进行物体的显著性度量,根据显著性选择一个感知物体作为注意焦点,然后以该物体所在的图像区域作为输入图像,在物体内部重复上述过程,进行深度优先的焦点转移过程,直到图像的分辨率达到预先设定的层次,注意焦点回到上一级图像重复上述过程,直到图像中所有的物体及其内部均已获得注意。本章重点介绍第二种注意焦点选择和转移方法,具体的实现过程如下:

算法 2:基于物体的注意焦点选择和转移算法

输入:原始图像 I,层数 s;

输出:各层的注意物体及转移路线。

步骤 1:$Level = s$,原始输入图像 I 为当前的注意区域;

步骤 2:利用第 4 章的算法,对原始图像提取早期视觉特征并进行特征

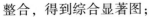

整合，得到综合显著图；

步骤 3：利用本章 8.3 节的算法，结合显著图和边缘、区域信息，提取感知物体集合 PO；

步骤 4：根据抑制返回机制和邻近优先的原则，选择显著值最高的物体作为下一个注意焦点；

步骤 5：如果当前输入图像中所有的物体均已获得注意，并且 $Level = s$ ，转到步骤 8；

步骤 6：如果当前输入图像中所有的物体已获得注意，并且 $Level < s$ ，则注意焦点回到当前物体所属的上一级物体，$Level = Level + 1$，转到步骤 4；

步骤 7：获得注意焦点后，如果 $Level = 0$，即已经是在最精细的分辨率下，则不需要再对注意焦点的内部进行分析，则转到步骤 4，直接选取下一个注意焦点。否则，$Level = Level - 1$，转到步骤 2，对选取的注意物体在更高的分辨率下进行分析；

步骤 8：注意焦点选择和转移过程终止。

8.6　实验结果与分析

为了验证本章提出的基于物体的视觉注意模型的性能，本书选择在多幅具有真实视觉场景的自然图像上进行了实验验证。为了方便与基于空间的注意模型进行对比，选用第 6 章用到的一幅图像（见图 6-3）进行说明。图 6-3 所示图像的分辨率为 640×480（图 6-3 中对其进行了缩小），实验中共分为 3 层对其进行分析。

首先从具有最小尺度的一层开始，对输入图像提取显著边缘和显著区域，进行融合，得到这一层图像中的感知物体，对这些感知物体进行显著性度量，得到各自的显著值，按照显著性从大到小递减的顺序，可以得出这一层图像中注意焦点的选择和转移顺序，如图 8-4 所示。

选择最显著的一个物体作为注意焦点，暂时忽略其他物体，将该物体作为输入图像，并提高分辨率，在其内部提取子物体，并计算各子物体的显著性，在该物体内部进行注意焦点选择和转移。重复这个过程，直到最高分辨率的一层，然后注意焦点再次回到第一层，选择下一个物体，进行

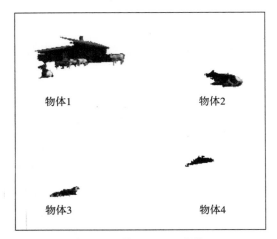

图 8-4　第 1 层感知物体

深度优先的焦点选择和转移，具体的转移过程如图 8-5、图 8-6 所示（简单起见，图中只给出一个物体内部的选择和转移过程）。

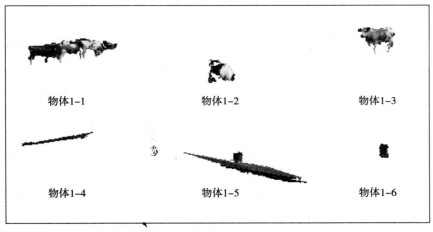

图 8-5　物体 1 内部子物体

对比基于空间的注意结果（图 6-4～图 6-6）和基于物体的注意结果（图 8-4～图 8-6），我们可以发现二者的区别：基于空间的注意模型根据图像中像素显著性的大小，选择最显著的像素作为注意焦点，以注意焦点为中心的某个大小的区域作为注意区域。但是，最显著的点所在的区域并不一定是显著性最高的，而且注意焦点不一定是注意区域的中心，因此，得

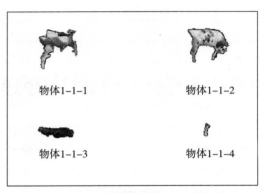

图 8-6 物体 1-1 内部子物体

到的注意区域会包含一些背景部分，或者没有包含完整的目标。本书的基于物体的注意模型，结合基于空间的显著性度量结果，提取出视觉场景中有感知意义的物体，以物体为单元计算显著性，进行注意焦点选择和转移，既保证了注意目标的完整性，又降低了注意焦点转移到无意义区域的可能性。另外，本书模型采用了深度优先的分层的注意焦点选择和转移策略，比较符合人类视觉系统由远到近、由粗到精的多分辨率采样的生物特性。从实验结果上看，本书方法还存在着一定的不足之处，例如提取的感知物体的轮廓并不十分准确，容易把特征相似、位置邻近的多个物体视为一个物体，或者把一个物体内部特征相差较大的部分作为不同的物体，研究更准确有效的感知物体提取方法是将来需要进一步努力的方向。

8.7 本章小结

针对基于空间的视觉注意计算模型中存在的注意区域大小和形状难以确定、注意焦点容易转移到无意义区域的缺点，本章对基于物体的视觉注意计算模型进行了研究，提出了一种空间和物体相结合的注意计算模型。本章研究了作为注意基本单元的感知物体的定义和提取方法，基于物体的视觉显著性度量方法，以及基于物体的注意焦点选择和转移方法，实验结果证明了本书模型的有效性。

9　视觉注意计算模型的应用

9.1　引言

视觉注意机制是人类及其他灵长目动物一个重要的内在属性，能够帮助人类在大量视觉信息中迅速地找到显著的或感兴趣的物体，并忽略其他不重要的内容，降低了信息处理的计算量。因此，如果将视觉注意机制引入图像处理中，则可以显著地提高图像处理的效率。本章将重点介绍视觉注意机制在计算机图像和视频处理中的一些应用案例。

9.2　基于视觉显著性的图像分割

在图像分析和处理中，人们往往只对图像中的某些部分感兴趣，这些部分通常称为目标或前景，一般对应于图像中具有特定性质的区域。为此，需要将目标从图像中分离出来，才能够做进一步的分析和处理。图像分割就是将一幅图像划分成若干个具有某种均匀一致性的区域，从而将人们感兴趣的区域从复杂的场景中提取出来的技术。

常用的图像分割方法主要采用基于边缘信息或基于区域聚类，计算复杂度较高。一些研究者利用视觉注意机制提取图像中的显著区域，结合其他技术实现目标和背景的分离。本节给出一种利用视觉显著性进行图像分割的方法，图9-1为方法示意图，主要包括视觉显著性计算和图像分割两个部分。

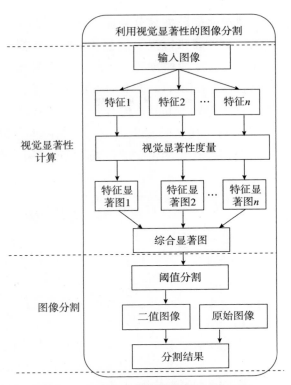

图 9-1 利用视觉显著性的图像分割方法

9.2.1 视觉显著性计算

视觉显著性计算是基于视觉显著性的图像分割方法中的关键环节，主要计算图像中各像素的显著性，结果用与原始输入图像大小相等的一幅灰度图像来表示，称为显著图。其中每一个像素的值代表了原始图像中对应位置像素的显著值，值越大说明该像素在原始图像中越显著，越容易获得观察者的注意。

9.2.1.1 底层特征提取

图像中一个区域的显著性依赖于它自身的特征与周围环境的差异，如果图像中一个区域为显著区域，则该区域至少有一种特征与其周围环境不同。不同图像中，同一特征对视觉显著性的影响是不同的。有的图像中亮度为显著特征，有的图像中颜色为显著特征，因此需要提取图像中不同的早期视觉特征。文献［56］提取亮度、颜色和方向等特征，但通过实验发现，方向特征在一些人工合成图像中有用，而在自然图像中其作用并不明显，却增加了计算的复杂度，因此这里只考虑亮度和颜色特征。

因为 HSI 颜色空间用色调（Hue）、饱和度（Saturation）和亮度（Intensity）来描述颜色，比 RGB 颜色空间更符合人的视觉特性。因此，首先利用式（9-1）将输入的图像从 RGB 颜色空间转换到 HSI 颜色空间，得到亮度和颜色特征图。

$$
\begin{cases}
H = \dfrac{1}{360}\Big[\,90 - arctan(\dfrac{F}{\sqrt{3}}) + \{0, G > B; 180, G < B\}\,\Big] \\[3mm]
S = 1 - \Big[\dfrac{min(R,G,B)}{I}\Big] \\[3mm]
I = \dfrac{(R + G + B)}{3} \\[3mm]
F = \dfrac{2R - G - B}{G - B}
\end{cases}
\tag{9-1}
$$

9.2.1.2　显著性计算

本方法主要从计算局部显著性、全局显著性以及稀少性等几个方面来计算视觉显著性并生成显著图。

（1）局部显著性计算。图像中一个像素的显著性不在于该像素特征值的大小，而在于该像素与其周围像素的对比度，对比度越大，该像素越显著。文献［67］和文献［72］通过分析图像中各像素与其周围领域的对比来计算显著性，但是领域大小不容易确定，而且计算量较大。这里从频域分析像素的局部显著性，在图像的频域特征中，幅度谱和相位谱的作用和含义不同。相位谱包含了图像的结构特征，能够反映出图像中像素特征值的变换情况；而幅度谱则包含了图像中各像素的特征值的大小。

实验证明，幅度谱和相位谱在图像重构中的作用不同。仅利用相位谱对图像进行重构，可以得到与原始图像结构相似的重构结果；而仅利用幅度谱对图像进行重构，结果与原始图像差距很大。

因此，本方法利用式（9-2）对各特征图像进行局部显著性度量。首先对图像进行傅里叶变换，提取幅度谱和相位谱，然后仅利用相位谱对图像进行重构，得到各特征图像的局部显著性图。

$$
\begin{cases}
F(u,v) = \sum_{x=1}^{M}\sum_{y=1}^{m} f(x,y) e^{\frac{-j2\pi ux}{M}} e^{\frac{-j2\pi vy}{N}} \\
\qquad\quad = R(u,v) + jI(u,v) \quad , \\
P(u,v) = \arctan\left(\dfrac{I(u,v)}{R(u,v)}\right) \\
S_{Local}(x,y) = \dfrac{1}{M \times N}\sum_{u=1}^{M}\sum_{v=1}^{N} I(u,v) e^{\frac{-j2\pi ux}{M}} e^{\frac{-j2\pi vy}{N}}
\end{cases}
\qquad (9-2)
$$

其中，$f(x,y)$ 表示像素 (x,y) 的特征值，M×N 为图像的大小。$S_{Local}(x,y)$ 为图像中各像素的局部显著性值。

（2）全局显著性计算。如果只考虑局部显著性，则图像中变化比较剧烈的边缘或复杂的背景区域显著性较高，而比较平滑的目标内部显著性较低，因此还需要考虑全局显著性。像素的全局显著性是指该像素相对于整幅图像（而不是其某个领域）来说其显著程度，本书利用式（9-3）来生成各特征图像的全局显著性图。

$$
\begin{cases}
S_{Global}(x,y) = e^{\frac{|f(x,y) - f_{avg}(x,y)|}{f_{avg}(x,y)}} \\
f_{avg}(x,y) = \dfrac{1}{M \times N}\sum_{x=1}^{M}\sum_{y=1}^{N} f(x,y)
\end{cases}
\qquad (9-3)
$$

其中，$f(x,y)$ 表示像素 (x,y) 的特征值，M×N 为图像的大小。$S_{Global}(x,y)$ 为图像中各像素的全局显著性值。

（3）稀少性计算。稀少性意味着某个特征值在图像中出现的机会越少，具有该特征值的像素越与众不同，则该像素的显著性值就可能越高。本书利用式（9-4）来衡量图像中各像素所具有的特征的稀少性。

$$
S_{Rarity}(x,y) = \frac{1}{hist(f(x,y))}
\qquad (9-4)
$$

其中，$f(x,y)$ 表示像素 (x,y) 的特征值，$hist(.)$ 为图像的特征直方图，$S_{Rarity}(x,y)$ 为该像素的稀少性度量值。

（4）生成特征显著图。利用式（9-5）对计算得到的某个特征图的局部显著性、全局显著性和稀少性度量结果进行综合，得到最终的特征显著图。

$$
\begin{cases}
V = \dfrac{1}{M \times N} \displaystyle\sum_{i=1}^{M} \sum_{j=1}^{N} \left| f(x,y) - \dfrac{1}{M \times N} \sum_{i=1}^{M} \sum_{j=1}^{N} f(x,y) \right| \\[3mm]
w_i = \dfrac{V_i}{\displaystyle\sum_{i=1}^{3} V_i} \\[3mm]
S_f = w_1 \times S_{Local} + w_2 \times S_{Global} + w_3 \times S_{Rarity}
\end{cases}
\tag{9-5}
$$

具体的特征显著图生成过程的示例如图 9-2 所示。

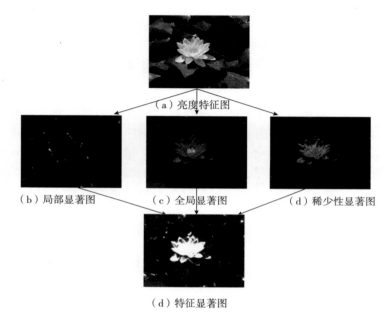

（a）亮度特征图

（b）局部显著图　　　　（c）全局显著图　　　　（d）稀少性显著图

（d）特征显著图

图 9-2　生成特征显著图示例

（5）特征整合。从图 9-2 中可以看出，不同的特征显著图的贡献是不同的，有的特征显著图能够有效地指示显著区域，而有的则不能。因此，需要一个合理的特征整合策略，对得到的多个特征显著图进行组合，生成最终的显著图。本书从显著点位置、个数以及分布情况等几个因素来动态选择特征和加权。

首先需要对各个特征显著图计算阈值，提取显著值大于阈值的作为显著点。根据稀少性原则，一个特征显著图中的显著点越多，则该特征显著图对最终显著图的贡献越小。为此定义权值 W_{area} 为显著点的个数。

$$W_{area} = Num_{salient} \tag{9-6}$$

人们面对一幅图像时，注意力很容易集中在图像的中心位置。即图像中心的区域更容易成为显著区域。为此，定义权值 $W_{location}$ 为各显著点距离图像中心的平均距离。

$$W_{location} = \frac{1}{N} \sum_{i=1}^{N} Dist(sp_i, center) \tag{9-7}$$

其中，N 为特征显著图中显著点的个数，sp_i 为显著点，center 为图像的中心位置。

如果特征显著图中各显著点不集中，而是比较分散，则该特征显著图对最终显著图的贡献不大。为此定义权值 $W_{distribution}$ 为各显著点之间的平均距离，centeroid 为显著点的中心位置。

$$W_{distribution} = \frac{1}{N} \sum_{i=1}^{N} Dist(sp_i, centroid) \tag{9-8}$$

根据显著点个数、位置和分布三个因素，利用式（9-9）计算各特征显著图的权值，对各特征显著图进行整合，得到最终的显著图。

$$\begin{cases} S = \sum_{i=1}^{m} W_i \times S_{fi} \\ \\ W_i = \dfrac{\dfrac{1}{W_{fi}}}{\sum_{i=1}^{m} \dfrac{1}{W_{fi}}} \\ \\ W_{fi} = W_{area}^i + W_{location}^i + W_{distribution}^i \end{cases} \tag{9-9}$$

9.2.2　图像分割

生成最终显著图之后，利用式（9-10）选择合适的阈值对显著图进行阈值分割，得到二值黑白图像，其中白色区域代表了原始图像中的前景目标，而黑色区域则表示原始图像中的背景部分。

$$T = \underset{t}{\mathrm{argmax}}\left(-\sum_{i=1}^{t} p_i \times \log_2 p_i - \sum_{i=t+1}^{L} p_i \times \log_2 p_i \right) \tag{9-10}$$

其中，L 为显著图中像素灰度值的最大值，p_i 为显著图中灰度值 i 出现的概率。

$$B(x,y) = \begin{cases} 1 & S(x,y) \geqslant T \\ 0 & S(x,y) < T \end{cases} \tag{9-11}$$

对阈值分割后得到的二值图像进行简单的形态学操作，去除一些孤立的不连续的白色区域，得到最终的二值图像。将二值图像叠加到原始图像上，即可实现前景与背景的分割。具体的过程示例如图9-3所示。

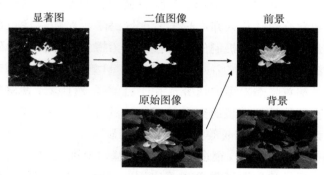

图9-3　图像分割过程示例

9.2.3　实验结果与分析

为了验证本节给出的图像分割方法的正确性和有效性，选取大量自然图像进行实验。实验环境为3.0GHz，Pentium4处理器，内存512M。分割结果示例如图9-4所示。

为了进一步验证图像分割结果的正确性，将分割结果与人工分割结果（Ground Truth）进行了比较，如图9-5所示。

通常用查全率（Precision）和查准率（Recall）作为衡量提取结果正确性的准则，其定义如式（9-12）所示。

$$\begin{cases} \text{Precision} = \dfrac{\sum\limits_{(x,y)} G(x,y) \times B(x,y)}{\sum\limits_{(x,y)} B(x,y)} \\[4ex] \text{Recall} = \dfrac{\sum\limits_{(x,y)} G(x,y) \times B(x,y)}{\sum\limits_{(x,y)} G(x,y)} \end{cases} \tag{9-12}$$

其中，G为Ground Truth图像（人工分割结果），B为显著图阈值分割

原始图像　　　显著图　　　前景　　　背景

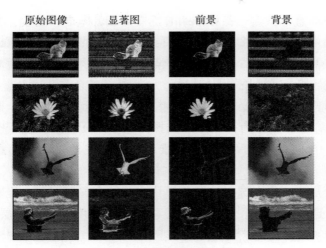

图 9-4　图像分割结果示例

原始图像　　本书得到的二值图像　　Ground Truth

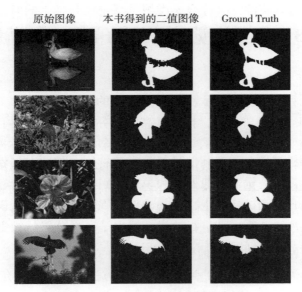

图 9-5　与 Ground Truth 对比结果

后得到的二进制图像。

　　图 9-6 是分别对利用本书给出的算法与其他算法生成的显著图进行阈值分割得到的二进制图像计算平均查全率和查准率对比结果。

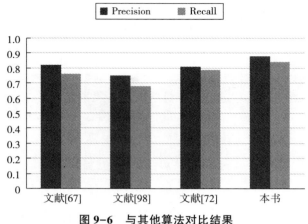

图 9-6　与其他算法对比结果

9.3　基于视觉显著性的前景目标检测

　　图像前景目标检测是提取图像中感兴趣的前景区域。作为图像处理和计算机视觉领域的经典问题，精确且高效地分割前景目标是目标识别、图像分类以及图像理解等应用的重要步骤。神经科学与认知心理学的研究表明，在特定的视觉场景中人眼的注意力会通过视觉注意机制集中在一些特定的感兴趣的区域。因此，一些研究者开始模拟人类的视觉注意机制定位并检测图像中最吸引人类注意力的显著区域，称为视觉显著性检测，并将其应用于图像分割、目标检测与跟踪、图像分类等领域。

　　视觉显著性引导的图像前景目标检测的关键问题是视觉显著性计算。视觉显著性检测方法分为自下而上无监督的方法和自上而下有监督的方法。自上而下的视觉显著性检测算法性能较好，但是需要大量的训练和学习过程，适合于特定的任务。因此，更多的研究者关注自下而上无监督的视觉显著性检测算法的研究。研究表明，视觉显著性源于视觉特征的独特性、稀缺性以及奇异性。因此，大部分的自下而上的视觉显著性检测算法通过计算像素或区域之间的特征对比度来计算显著性。根据计算的范围不同，这些算法又可分为局部对比度计算方法和全局对比度计算方法。局部对比度计算方法通过计算各像素或区域相对于其周围领域之间的特征对比来得到视觉显著性，例如 Itti 等提出的中央－四周特征差异的方法（文献［56］）、Ma 等提出的模糊增长方法（文献［67］）、Guo 等提出的利用相位谱的方法（文献［107］），以及 Hou 等提出的谱残差的方法（文献［98］）等。基于局部对比度计算的视觉显著性计算结果容易集中在目标的边缘部分，不能突出整个目标。全局对比度计算方法通过计算各像素或区域相对于图像整体的特征对比来得到视觉显著性，其中影响较大的有 Achanta 等提出的 Frequency tuned 方法（文献［72］）、Cheng 等提出的基于全局对比度的方法（文献［73］）和 Perazzi 等提出的 Saliency filters 方法（文献［127］）等。基于全局对比度计算的方法也存在不足之处，如果目标较大并且相对于图像其余部分对比度较小，则前景目标就不能完整提取。

近几年来，利用背景先验的视觉显著性检测方法得到了大家的广泛关注，例如 Y. C. Wei 等提出的基于测地线距离的显著性检测方法（文献［129］），W. J. Zhu 等提出的鲁棒背景检测的方法（文献［132］），Yang 等提出的基于流形排序的方法（文献［131］），蒋寓文等提出的选择性背景优先的方法（文献［130］），徐威等提出的利用层次先验估计的方法（文献［97］）以及 Q. S. Wang 等提出的基于新图模型和背景先验的方法（文献［167］）等。基于背景的视觉显著性检测方法在多数图像上取得了很好的效果，但是也存在着一些缺陷：当目标与图像边缘接触时，显著性检测结果会出现偏差；如果增强目标的显著性，与目标相邻的一些背景区域的显著性也会增强。基于背景的视觉显著性检测算法中背景的选择是关键问题。现有方法均选择图像的四条边界或者其中两条作为背景，而忽略了图像的其余部分。然而图像中真正的背景并不只是图像边界。同时，只考虑背景知识而忽略其他先验知识也会存在问题。

综上所述，本节对现有基于背景先验的视觉显著性检测方法进行改进，采用更合理的策略更加准确地选择背景区域，同时融合其他先验知识提高显著性检测的准确性。将视觉显著性检测结果结合自适应阈值，进行前景目标检测。

9.3.1 利用视觉显著性的目标检测算法概述

本节提出的视觉显著性引导的前景目标分割算法描述如下：

输入：原始图像 I；

输出：分割后只包含前景目标的图像 O。

步骤 1：利用超像素分割算法（Simple Linear Iterative Clustering，SLIC）将输入图像进行预分割，得到超像素集 $S = \{S_1, S_2, \cdots, S_n\}$；

步骤 2：选择图像的三条边界超像素作为背景种子，提取背景区域 BS；

步骤 3：根据超像素之间的邻接关系和特征差异建立加权无向图 G，计算超像素集 S 中的每个超像素 S_i 与背景 BS 之间的特征差异，得到 S_i 的显著性值，生成基于背景的初始显著图；

步骤 4：对初始显著图进行优化，得到最终的显著图；

步骤 5：根据显著图结合自适应阈值进行前景目标提取，输出前景目标图像 O。

9.3.2 关键技术

9.3.2.1 背景估计

背景估计是基于背景先验的视觉显著性计算方法的关键步骤。目前多数方法采用图像的四条边界作为背景，然而实际情况是图像的边界不一定都是背景，一些边界超像素也可能是前景目标的一部分；同时图像的非边界区域也有可能是背景。因此，本节采用的背景估计的方法主要基于以下假设：

（1）图像的边界通常为背景，背景区域通常与边界连接；

（2）前景目标与背景在颜色或纹理特征上具有较大的差异；

（3）背景区域内部在颜色或纹理特征上具有较小的差异。

具体的背景估计方法步骤如下：

步骤 1：将图像四个边界所包含的超像素作为初始背景超像素集。

步骤 2：前景目标可能与图像边界接触，根据第（2）条假设，包含前景目标的这条边中的超像素之间具有较大的特征差异。因此本书分别计算四条边界内部超像素之间的特征差异的标准差，选择标准差最大的那条边舍去，剩余三条边所包含的超像素作为新的背景超像素集，并计算背景超像素之间的平均特征差异。

步骤 3：图像中非边界区域也有可能为背景，因此以背景超像素集为基础进行背景扩散。对于某个非边界超像素，如果它与当前背景中的某个超

像素相邻，并且和它的特征差异小于背景区域平均特征差异值，则将其加入背景中。完成背景扩散后，得到最终的背景区域 BS = {Si | Si 为背景超像素}。

图 9-7 显示了目前多数算法只选择图像边缘作为背景的显著性检测结果和本算法背景估计的显著性计算结果的对比，可以看出由于本方法在进行背景估计的同时考虑了边界连通性、背景超像素之间的特征相似性以及背景和目标之间的特征差异，提取的背景区域更合理，由此计算得到的显著性检测结果更准确。

图 9-7　背景估计结果比较

9.3.2.2　构造加权无向图

根据图像预分割后的超像素集 S 以及超像素之间的邻接关系，可以建立一个加权无向图 $G = \{V, E\}$，其中 V 为节点集，每个节点对应超像素集 S 中的每个超像素，E 为边集。

首先，生成无向图 G 对应的邻接矩阵 $A = [a_{ij}]$ $n×n$，如果超像素 S_i 和 S_j 相邻，则 $a_{ij}=1$，否则 $a_{ij}=0$。

然后，构造加权矩阵 W。如果超像素 S_i 和 S_j 相邻，则 S_i 和 S_j 之间存在一条边 e_{ij}，该边的权值 w_{ij} 定义为超像素 S_i 和 S_j 之间的特征差异。本书选取的特征为颜色特征。如果超像素 S_i 和 S_j 不相邻，则 S_i 和 S_j 之间的权值定义为 S_i 和 S_j 之间的最短路径长度。w_{ij} 的计算方法如式（9-13）所示。

$$w_{ij} = weight(S_i, S_j) = \begin{cases} \|S_i^{lab} - S_j^{lab}\| & if\ a_{ij} = 1 \\ \min\limits_{\rho_1 = S_i, \rho_2 = S_{i+1}, \cdots, \rho_m = S_j} \sum\limits_{k=1}^{m-1} weight(\rho_k, \rho_{k+1}) & if\ a_{ij} = 0 \\ 0 & if\ i = j \end{cases}$$

$$(9-13)$$

其中，S_i^{lab}、S_j^{lab} 为超像素 S_i、S_j 的 CIELab 的色彩均值。

9.3.2.3 基于背景的显著性

背景估计以及图像对应的加权无向图构造完成后，可以根据加权矩阵 W 计算每个超像素 S_i 与背景超像素集 BS 之间的特征差异，差异越大说明该超像素相对于背景区域越显著，我们称其为基于背景的显著性 $Saliency_{bg}$。计算的时候考虑两个超像素之间的空间位置因素，并将其归一化到 [0，1]，具体计算方法如式（9-14）所示。

$$diff(S_i, BS) = \sum\limits_{S_j \in BS} weight(S_i, S_j) \times exp\left(-\frac{Dist^2(S_i, S_j)}{2\sigma^2}\right)$$

$$Saliency_{bg}(S_i) = \frac{diff(S_i, BS)}{Max(Dist(S_i, BS))}$$

$$(9-14)$$

其中，Dist（S_i，S_j）表示超像素 S_i 和 S_j 中心位置之间的空间距离，σ 为常量，本书取 0.25。

9.3.2.4 融合与优化

基于背景的显著性计算结果依赖于背景区域的选择，当目标接触图像边缘或者图像场景比较复杂的时候，背景估计的结果会出现偏差，由此导致基于背景计算的显著性结果不准确。为此，本书在上一步基于背景的显著性计算结果的基础上进行进一步的优化。

首先，根据前面得到的粗略显著图采用自适应阈值分割的方法，提取显著值较高的超像素区域作为前景区域 FS，利用式（9-14）类似的方法计算图像中各超像素与前景区域的特征差异。然后利用式（9-15）计算各超像素相对于前景的显著性 $Saliency_{fg}$。

$$Saliency_{fg}(S_i) = 1 - \frac{diff(S_i, FS)}{Max(Dist(S_i, FS))}$$

$$(9-15)$$

然后，利用式（9-16）将两者进行融合，得到：

$$Saliency(S_i) = w_1\, Saliency_{bg}(S_i) + w_2\, Saliency_{fg}(S_i) \qquad (9-16)$$

式中，w_1 和 w_2 为权值，可以调节背景和前景对显著性的影响，本书均取 0.5。

最后，为了得到更准确的显著性检测结果，将显著性检测问题看作一个优化问题。通过最小化代价函数来获得最终的显著图。代价函数如式 (9-17) 所示。

$$f = \arg\min_s \Big(\sum_{i=1}^{n} w_{bg}\, s_i^2 + \sum_{i=1}^{n} w_{fg}\,(1 - s_i)^2 + \sum_{i,j} w_{ij}\,(s_i - s_j)^2\Big)$$

$$(9-17)$$

其中，$\{s_i\}_{i=1}^{n}$ 为最小化代价函数计算之后得到的各个超像素的显著值，第 1 项中的 w_{bg} 表示与超像素相关的背景权重，第 2 项中的 w_{fg} 表示与超像素相关的前景权重，最后一项为平滑项，使相邻超像素之间的显著值变化更加平滑稳定，代价函数的最小均方解即为优化后的显著性结果。

9.3.3 实验结果

9.3.3.1 实验设置

为了客观地评价本书算法的正确性和有效性，我们进行了实验验证。本书的实验运行环境为 Matlab 2014，硬件平台为个人计算机（Intel Core i5/双核 2.29GHz CPU，内存为 4G）。

选择在四个公开的测试数据集上进行实验验证，分别是 MSRA-1000（文献 [72]）、ECSSD（文献 [93]）、PASCAL-S（文献 [168]）和 SOD（文献 [135]）。这四个测试数据集均提供人工标注的 Ground Truth 图像，方便对实验结果进行客观的评价。MSRA-1000 是目前最常用的用于比较显著性检测结果的测试数据集，包括 1000 幅自然图像，每幅图像只包含 1 个前景目标且背景比较简单。ECSSD 包含 1000 幅含有多种目标的图像，场景更加复杂，检测难度更大。PASCAL-S 数据集包含 850 幅图像，这些图像的选择避免了故意强调显著性概念的主观偏差。SOD 数据集包含 300 幅图像，每幅图像包含一个或多个目标，并且背景比较复杂，被认为是非常有挑战性的测试数据集。

目前视觉显著性检测的算法比较多，本节选择关注度比较高的其他 7 种算法进行实验对比，分别为基于测地线距离的 GS（文献 [129]）、基于流形排序的 MR（文献 [131]）、基于背景优化的 wCTR（文献 [132]）（这三种方法均为基于背景的算法）、基于频域调谐的 FT（文献 [72]）、基于区域对比的 RC（文献 [73]）、基于显著性过滤的 SF（文献 [127]）（这三种方法为基于对比度的方法）以及 HS（文献 [93]，分层显著性检测算法）。这几种算法的作者都提供了算法实现，方便我们进行实验比较。

9.3.3.2　直观对比

本算法和其他 7 种算法在四个测试数据集上的显著性检测结果的直观的视觉对比如图 9-8 所示。由于篇幅限制，本书在每个数据集中选择两幅图像对比。直观地看，GS-SP、MR、wCTR 以及本书算法这几个基于背景的算法的结果要优于 FT、RC 以及 SF 等几个基于对比度的算法结果。与 GS-SP、MR、wCTR 和 HS 算法相比，本书算法的结果更好，与真值图像更为接近。由于本书算法更精确地提取了背景，同时结合了空间因素以及前景先验，从而视觉显著性计算结果更为准确。

9.3.3.3　PR 曲线

为了客观地评价各种算法的检测结果，采用本领域常用的 PR（准确率-召回率，Precision-Recall）曲线对本书算法和其他 7 种算法进行定量分析比较。将各种算法得到的显著图调整到 [0，255]，接下来在 0 到 255 之间依次选取阈值对各显著图进行二值化，并与真值图像比较，计算相应的准确率和召回率，画出 PR 曲线。图 9-9 是各种算法在四个测试数据集的 PR 曲线图。总的来说，GS、MR、wCTR 以及本书算法等基于背景的视觉显著性检测算法的结果要优于 FT、RC 和 SF 等基于对比度的检测算法。在 ECSSD 和 SOD 数据集上，本书算法的检测结果要优于其他 7 种算法，在 MSRA-1000 和 PASCAL-S 数据集上，本书算法和 wCTR 算法接近，稍微优于 wCTR 算法。

9.3.3.4　F-Measure

可以使用 F-Measure 指标对 Precision 和 Recall 进行综合，计算方式如式（9-18）所示。式中的 β 用来决定 Precision 和 Recall 的重要程度，本书中 $\beta^2 = 0.3$，使得 Precision 的影响程度大于 Recall。

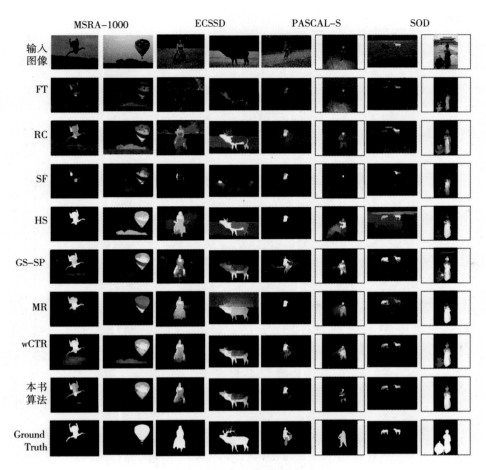

图 9-8 实验结果直观对比

$$F_\beta = \frac{(1 + \beta^2)\,\text{Precision} \times \text{Recall}}{\beta^2\,\text{Precision} \times \text{Recall}} \qquad (9-18)$$

图 9-10 是本书算法和其他 7 个算法在四个测试数据集上的对比结果。从图中可以看出，在四个数据集上，本书算法的 F-Measure 都是最大的。

9.3.3.5 平均绝对误差

Precision、Recall 和 F-Measure 指标侧重考虑图像中前景目标的视觉显著性，而忽略了背景区域的显著性，不能全面地衡量视觉显著性计算结果

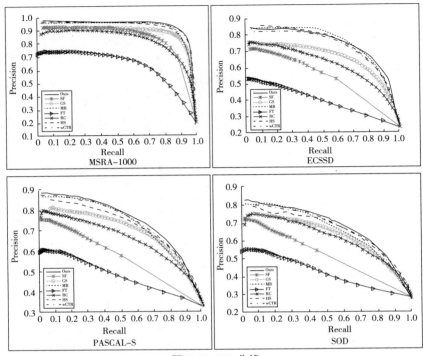

图 9-9　PR 曲线

的好坏。平均绝对误差（Mean Absolute Error，MAE）作为评价视觉显著性计算结果的另一种指标，其计算方法如式（9-19）所示。

$$\text{MAE} = \frac{1}{M \times N} \sum_{i=1}^{M} \sum_{j=1}^{N} \left| (S(x,y)) - GT(x,y) \right| \tag{9-19}$$

其中，M 和 N 表示图像的长和宽，S（x，y）为像素（x，y）的显著值，GT（x，y）为像素（x，y）在 Ground Truth 图像中的值。MAE 值越小，表明显著性结果与真值越接近，检测结果越准确。本书算法和其他 7 种算法在四个测试数据集上的平均 MAE 值如表 9-1 所示。

从表 9-1 中可以看出，在 MSRA-1000、ECSSD 和 PASCAL-S 数据集上，本书算法的 MAE 最小，在 SOD 数据集上，本书算法的 MAE 和 wCTR 算法相同，小于其他几个算法，这说明，本书算法的显著性检测结果与 Ground Truth 最为接近。另外，在 Precision-Recall 曲线中，本书算法的曲线和 MR、wCTR 这两个算法的曲线比较接近，但是本书算法的平均 MAE 值却比这两个算法更小。原因是本书算法提取的背景区域更加准确合理，从而

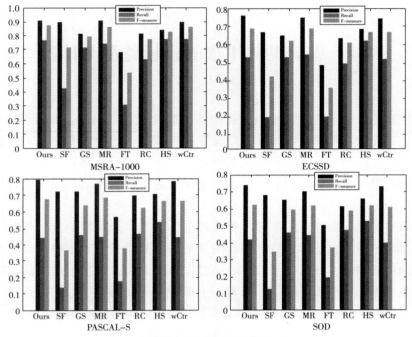

图 9-10 F-Measure 对比

在计算显著性时能够对背景区域的显著性进行抑制，因而得到的 MAE 最小，显著性检测结果更接近 Ground Truth 图像。

表 9-1 MAE 对比

算法＼数据集	MSRA-1000	ECSSD	PASCAL-S	SOD
FT	0.2041	0.2696	0.2820	0.3177
RC	0.2355	0.3005	0.3117	0.3255
SF	0.1286	0.2188	0.2358	0.2689
HS	0.1106	0.2275	0.2622	0.2831
GS-SP	0.1069	0.2059	0.2209	0.2514
MR	0.0747	0.1893	0.2208	0.2593
wCTR	0.0652	0.1714	0.1986	**0.2296**
本书算法	**0.0627**	**0.1688**	**0.1948**	**0.2296**

9.4 基于视觉注意的目标监测与跟踪

随着信息技术的快速发展，视频已经成为现代社会信息的主要来源。视频监控在交通管理、民用安防以及军事等领域发挥着重要作用。智能视频监控技术已经成为计算机视觉和模式识别领域的研究热点。运动目标检测与跟踪是智能视频监控的一个重要研究课题，是各种后续处理如目标分类和行为分析理解的基础。

现有的目标跟踪算法框架主要可以分为两类：全局性的目标跟踪算法和局部性的目标跟踪算法。全局性的目标跟踪算法主要利用目标模板与图像之间的相似性，寻找极大值点，通过在全图像中穷尽搜索的方式定位目标，例如模板匹配法（文献［170］）和协方差跟踪法（文献［171］）等。局部性的目标跟踪算法则在局部范围内找到与目标模型最为接近的图像区域，例如均值漂移法（文献［172］和文献［173］）和粒子滤波（文献［174］和文献［175］）等。全局性跟踪算法可以实现全局定位目标，但对目标形状变化较敏感。局部性跟踪算法能够适应目标的形变，可以得到目标较为准确的状态，但无法适应目标全局范围转移和运动过快的情况，在丢失目标之后无法自动恢复跟踪。

为了满足实时的需要，要求计算机能够快速地在视频信息中搜索感兴趣目标并进行跟踪。然而要处理的视频数据是海量的，而计算机的处理能力却是有限的。为了有效地减少处理的信息量，降低计算复杂度，一些研究者逐渐开始关注生物视觉智能特别是人类视觉智能，试图从中发掘出可供计算机视觉借鉴的新思路和新方法（文献［176］和文献［177］）。视觉生理学和视觉心理学的研究表明，视觉注意机制是解决当前视觉目标跟踪算法的通用性和实用性问题的一种可行方案。借助于视觉注意机制，从复杂的视觉信息中筛选出少量的有用信息提供给目标检测和跟踪算法，提高信息处理的效率。

本节根据人类视觉注意机制的研究成果，提出一种基于视觉注意的目标检测和跟踪方法。首先建立视觉注意的计算模型，根据该计算模型计算视频图像中各部分内容的视觉显著性。根据显著性计算结果，检测提取图像中的显著目标。对相邻帧中各显著目标进行特征匹配，实现目标的跟踪。

9.4.1 视觉显著性计算

图 9-11 为本节提出的用于目标检测和跟踪的视觉注意计算模型。针对输入视频的每一帧图像提取亮度特征及颜色特征，根据亮度特征及颜色特征计算图像的空域显著图；根据每帧图像及相邻帧，提取运动特征，计算时域显著图；将空域显著图及时域显著图进行融合，生成综合显著图。

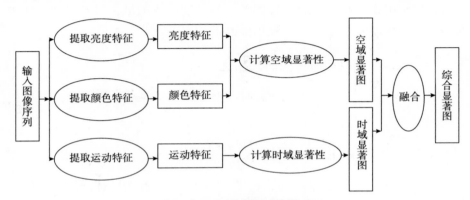

图 9-11 视觉注意计算模型

9.4.1.1 视觉特征提取

利用式（9-20）将场景图像从 RGB 颜色空间转换为 HSI 颜色空间，提取其 H 通道和 S 通道作为颜色特征，I 通道作为亮度特征。

$$\begin{cases} H = \dfrac{1}{360}\big[\, 90 - \arctan\big(\dfrac{F}{\sqrt{3}}\big) + \{0, G > B; 180, G < B\}\,\big] \\[2mm] S = 1 - \big[\dfrac{\min(R,G,B)}{I}\big] \\[2mm] I = \dfrac{(R + G + B)}{3} \\[2mm] F = \dfrac{2R - G - B}{G - B} \end{cases} \qquad (9\text{-}20)$$

运动特征可以由式（9-21）得到。

$$M(x,y,t) = f(x,y,t) - f(x,y,t-1) \qquad (9\text{-}21)$$

式中，$f(x, y, t)$ 和 $f(x, y, t-1)$ 分别表示像素 (x, y) 在 t 时刻和 $t-1$ 时刻的视频帧中的取值。

9.4.1.2 显著性计算

视觉显著性是由于场景图像中各区域与其周围环境的视觉反差引起的，反差越大，视觉显著性越强。因此，本书通过计算特征图中各区域相对于其周围领域的局部特征对比来计算特征显著性。

首先利用式（9-22）将特征图像从空域变换为频域，得到图像的两种频域特征：幅度谱 $|F(u, v)|$ 和相位谱 $\phi(u, v)$。

$$\begin{cases} F(u,v) = \dfrac{1}{M \times N} \sum_{x=1}^{M} \sum_{y=1}^{N} f(x,y) e^{\frac{-j2\pi ux}{M}} e^{\frac{-j2\pi vy}{N}} \\[2mm] \qquad\quad = |F(u,v)| e^{j\phi(u,v)} \\[2mm] |F(u,v)| = [R^2(u,v) + I^2(u,v)]^{\frac{1}{2}} \\[2mm] \phi(u,v) = \arctan\left(\dfrac{I(u,v)}{R(u,v)}\right) \end{cases} \quad (9-22)$$

式中，$f(x, y)$ 表示像素 (x, y) 的特征值，$M \times N$ 为特征图像的大小。

图像的相位谱和幅度谱包含了图像的不同信息。幅度谱表明图像中每一个频率下信息量变化的多少，而相位谱则表明了信息变化的位置信息。视觉显著性计算的目的就是计算图像中每个像素的显著性，找出显著的像素位置。利用图像的相位谱进行重构得到的恢复图像中输出值较大的像素位置就对应于原始图像中特征值变化较大的位置，而这些位置就是"显著"的区域。因此，仅利用相位谱对原始图像进行重构，进行傅里叶反变换得到的恢复图像就是能够反映图像中各部分视觉显著性的显著图，如式（9-23）所示。

$$S(x,y) = \frac{1}{M \times N} \sum_{u=1}^{M} \sum_{v=1}^{N} \phi(u,v) e^{\frac{-j2\pi ux}{M}} e^{\frac{-j2\pi vy}{N}} \quad (9-23)$$

9.4.1.3 特征融合

按照上述方法得到亮度、颜色和运动显著图后，首先将亮度显著图和颜色显著图进行融合，得到空域显著图，然后将空域显著图与时域显著图（运动特征显著图）进行融合，生成综合显著图。

视觉心理学的研究成果表明，运动特征相对于亮度和颜色等视觉特征更容易引起注意。在一个视觉场景中，人们在观察该场景时首先注意到的就是运动的物体；如果场景中没有运动物体，则人类视觉系统更容易被一些视觉反差较强的特征吸引。因此，本节在特征融合时采用动态加权策略，如式（9-24）所示。

$$\begin{cases} S = w_s \times S_S + w_T \times S_T \\[2mm] w_S = \dfrac{Const}{PVarT + Const} \\[4mm] w_T = \dfrac{PVarT}{PVarT + Const} \\[4mm] PVarT = \max(S_T) - median(S_T) \end{cases} \qquad (9\text{-}24)$$

式中，SS 和 ST 分别表示空域和时域显著图，w_S 和 w_T 为其权值，Const 为一常量。从式（9-24）可以看出，如果存在显著的运动特征，则 PVarT 就比较大，相应的 w_T 就较大，w_S 就比较小。融合时，给予时域显著图较大的权值。否则，给予空间显著图较大的权值。

综合显著图是一幅和场景图像大小相同的灰度图像，每个像素的取值表示了场景图像中对应位置的像素的显著性大小。

9.4.2 目标检测与分割

为实现运动目标的跟踪，需要先将目标从视频序列中分割出来并分别加以标记。目前图像分割算法很多，绝大多数分割算法虽然结果精确，但算法复杂度较高，不能满足实时性的要求。

本节采用一种基于视觉显著性的目标检测与分割方法。利用上节的方法得到综合显著图之后，在综合显著图中那些显著值大于或等于指定阈值 T 的像素称为显著点，小于指定阈值 T 的像素称为非显著点。利用式（9-25）对综合显著图进行阈值分割。

$$B(x,y) = \begin{cases} 1 & S_f(x,y) \geq T \\ 0 & S_f(x,y) < T \end{cases} \qquad (9\text{-}25)$$

阈值 T 可以通过式（9-26）计算得到。

$$T = \underset{t \in f_L}{\text{argmax}}\left(-\sum_{i=0}^{t-1} \frac{p_i}{p(t)}\ln\left(\frac{p_i}{p(t)}\right) - \sum_{i=t}^{L-1} \frac{p_i}{1-p(t)}\ln\left(\frac{p_i}{1-p(t)}\right) \right)$$

$$(9-26)$$

分割后得到的二值图像 $B(x, y)$ 中取值为 1 的像素即为显著点，取值为 0 的像素即为非显著点。所有连续的显著点构成了图像中的一些显著区域。这些显著区域则对应视频图像中的显著目标。

9.4.3　目标跟踪

9.4.3.1　目标跟踪算法

基于视觉注意的目标跟踪算法具体描述如下：

步骤 1：初始化，将首次分割出来的 n 个目标存入目标库，包括每个目标的标号、位置、尺寸、颜色分布及消失计数（初始为 0）；

步骤 2：提取下一帧图像，计算视觉显著性，检测分割显著目标；

步骤 3：按照显著性大小提取最显著目标，与目标库中的目标分别进行匹配。如果找到匹配的目标，将目标库中与之匹配的目标标号赋给当前的显著目标，并更新目标库目标的信息。如果未找到匹配的目标，说明出现新目标，将其信息加入目标库；

步骤 4：重复步骤 3，直到当前帧中所有显著目标处理完毕；

步骤 5：当前帧所有目标处理完后，如果目标库中存在未匹配的目标，则可能该目标暂时消失，为了避免该目标因为遮挡或其他原因未检测到，将此目标的消失计数值加 1。当目标的消失计数值达到一定阈值时，认为该目标已经消失，从目标库中删除。转到步骤 2，继续运行。

目标跟踪算法流程如图 9-12 所示。

9.4.3.2　目标模型

采用颜色直方图作为目标的颜色分布模型。假设整个颜色空间被离散化为 m 个子区域，计算场景图像中颜色向量落到各个子区域的像素的频数，得到含有 m 个条柱的颜色直方图。同时，考虑到像素点在目标区域中的位置对颜色分布的影响，增加核函数 $k(d)$ 融合空间信息，$k(d)$ 的计算方法如式（9-27）所示。

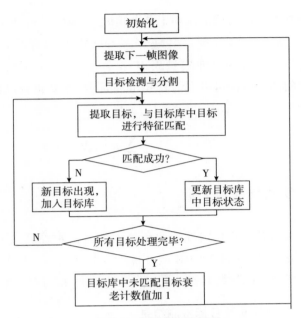

图 9-12 跟踪算法流程图

$$k(d) = \begin{cases} 1 - d^2 & d < 1 \\ 0 & d \geq 1 \end{cases} \qquad (9-27)$$

式中，d 为某像素点到区域中心的距离。

用 $H_c = \{p_c^u(x)\}$，$u = 1, 2, \cdots, m$ 表示以 x 为中心的区域的颜色分布模型，则

$$p_c^u = C \sum_{i=1}^{N} k(\frac{\| x_i - x \|}{a}) \delta[b(x_i) - u] \qquad (9-28)$$

式中，x_i 表示区域中的某点，N 为区域中像素个数，$b(x_i)$ 将 x_i 的颜色分配给颜色直方图中的相应条柱，$\delta(\cdot)$ 为 Dirac 函数。$a = \sqrt{w^2 + h^2}$ 表示区域的大小，$C = \dfrac{1}{\sum\limits_{i=1}^{N} k(\frac{\| x_i - x \|}{a})}$ 为标准化因子。

9.4.3.3 特征匹配

将当前目标颜色分布模型与目标库中目标的颜色分布模型分别进行匹配，采用两个颜色分布模型之间的 Bhattacharyya 距离来作为两目标的相似性

判定值，如果两个目标的相似值小于某个阈值，则认为特征匹配。

假设 $H_c = \{p_c^u(x_o)\}$，$u = 1, 2, \cdots, m$ 表示当前目标的颜色分布模型，目标库中某个目标的颜色分布模型用 $H_c^p = \{p_c^u(x_p)\}$，$u = 1, 2, \cdots, m$ 表示，则二者之间的相似性可以用近似 Bhattacharyya 系数进行度量，具体的计算方法为：

$$\rho_c[Hc, H_c^p] = \sqrt{1 - \sum_{u=1}^{m} p_c^u(x_o) p_c^u(x_p)} \qquad (9-29)$$

9.4.4 实验结果与分析

为了验证本书提出的利用视觉注意机制的目标跟踪算法的正确性和有效性，我们在 Intel Pentium 2.53GHz、内存 2G 的微机上，利用 Visual C++编程实现，在公开测试视频数据集上进行实验，检测算法的性能。

9.4.4.1 视觉注意及目标检测结果

分别对室内环境和室外环境进行实验，图 9-13 为部分视觉注意计算及目标检测结果。

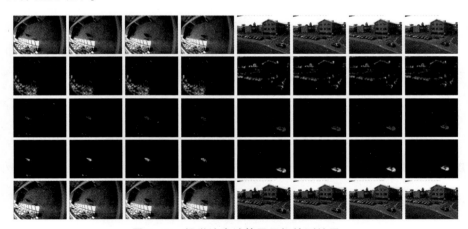

图 9-13 视觉注意计算及目标检测结果

9.4.4.2 目标跟踪结果

分别对室内环境和室外环境进行跟踪实验，图 9-14 为一个室内测试视频和一个室外视频的跟踪结果。视频中，目标在运动过程中存在光照、姿态以及形状的变化，本书算法可以精确地跟踪目标。

图9-14 跟踪结果

其中室外测试视频的跟踪过程中，目标模型及目标库的变化情况如表9-2所示。

表9-2 跟踪过程

	目标标号	目标位置	目标尺寸	目标颜色分布	Bhattacharyya 距离	消失计数
初始化	1	(35，132)	9×13		N/A	0
Frame 50	1	(58，143)	9×17		0.01134	0
Frame 200	1	(156，161)	13×25		0.01587	0
Frame 200	2	(319，221)	29×31		0.01045	0
Frame 450	1	N/A	N/A	N/A	N/A	5
Frame 450	2	(198，159)	33×19		0.01081	0

9.4.4.3 目标跟踪结果

与基于颜色特征的粒子滤波算法进行了实验比较，图9-15是其中一个测试视频的跟踪对比结果。从图中可以看出，在存在较强的光照变化的情况下，粒子滤波算法的跟踪结果存在偏差，会丢失目标，而本书方法则能够正确地对目标进行跟踪。

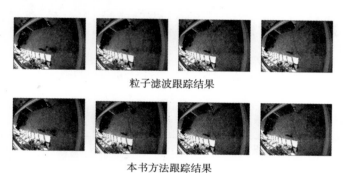

粒子滤波跟踪结果

本书方法跟踪结果

图9-15 跟踪结果对比

为了衡量跟踪算法的性能，采用跟踪结果与 Ground Truth 的 x 坐标误差、y 坐标误差以及非重叠区域比来度量跟踪结果的准确程度。非重叠区域比的计算方法如式（9-30）所示。

$$r = 1 - \frac{2|M \cap T|}{|M| + |T|} \tag{9-30}$$

式中，M 和 T 分别为跟踪结果矩形和 Ground Truth 所包围的像素组成的集合。∩ 表示两个集合的交集，|·| 表示集合中的元素个数。r 的值介于 0 和 1 之间，r 越小跟踪结果越准确。如果跟踪结果完全准确，即 M 和 T 相同，则 r = 0；如果跟踪结果 M 和 T 没有交集，则 r = 1。

表9-3为两种方法在几组实验中跟踪结果的平均 x、y 坐标误差以及非重叠区域比。从表9-3可以看出，本书提出的利用视觉机制的跟踪算法的结果无论 x、y 坐标误差还是非重叠区域比都小于基于颜色特征的粒子滤波跟踪结果。

时间上，在粒子个数为200的情况下，基于颜色特征的粒子滤波跟踪算法平均每帧耗时22ms，本书方法平均每帧耗时10ms。因此，本书方法既保证了跟踪结果的正确性，又消耗了较少的时间。

表9-3 两种方法的跟踪误差及非重叠区域比

	x 坐标误差	y 坐标误差	非重叠区域比
粒子滤波	32.84	29.43	0.36
本书方法	10.37	9.71	0.17

9.5 本章小结

本章给出了视觉注意机制在图像分割、前景目标提取和目标检测与跟踪等几个领域的应用案例。将视觉注意机制引入计算机视觉、计算机图像处理和模式识别等领域，利用视觉注意机制选择出图像中的显著区域或物体，可以为后续的图像处理过程等提供帮助，降低图像处理的复杂度，极大地提高信息处理的工作效率。

参考文献

［1］ N. Kanwisher, E. Wojeiulik. Visual attention: insights from brain im-ageing ［J］. Nature Reviews Neuroscience, 2000, 11（1）: 91-100.

［2］ J. M. Wolfe, T. S. Horowitz. What attributes guide the deployment of visual attention and how do they do it ［J］. Nature Reviews Neuroscience, 2004, 6（5）: 495-501.

［3］ 邵静. 协同视觉选择注意计算模型研究 ［D］. 合肥：合肥工业大学博士学位论文, 2008.

［4］ Woong-Jae Won, Sang-Woo Ban, Minho Lee. Real time implemen-tation of a selective attention model for the intelligent robot with autonomous mental development ［C］. Proceeding of the IEEE International Symposium on Industrial Electronics, 2005: 1309-1314.

［5］ 罗四维. 视觉感知系统信息处理理论 ［M］. 北京：电子工业出版社, 2006.

［6］ 寿天德. 视觉信息处理的脑机制 ［M］. 上海：上海科技教育出版社, 1997.

［7］ 寿天德. 神经生物学 ［M］. 北京：高等教育出版社, 2001.

［8］ 赵宏伟, 王慧, 刘萍萍, 戴金波. 有指向性的视觉注意计算机模型 ［J］. 计算机研究与发展, 2009, 46（7）: 1192-1197.

［9］ Treisman A M, Gelade G. A feature-integration theory of attention ［J］. Cognitive Psychology, 1980, 12（1）: 97-136.

［10］ Anne Treisman. Feature binding, attention and object perception ［J］. Philosophical Transaction of the Royal Society of London B: Biological Sciences, 1998, 353（1373）: 1295-1306.

［11］ 陈嘉威. 视觉注意计算模型的研究及其应用 ［D］. 厦门：厦门大学博士学位论文, 2009.

［12］Anne Treisman. Features and objects：the fourteenth bartlett memorial lecture［J］. The Quarterly Journal of Experimental Psychology Section A：Human Experimental Psychology，1988，40（2）：201-237.

［13］Sun Y，Fisher R. Object-based visual attention for computer vision［J］. Artificial Intelligence，2003，146（1）：77-123.

［14］Robert Desimone，John Duncan. Neural mechanisms of selective visual attention［J］. Annual Review of Neuroscience，1995（18）：193-222.

［15］T. S. Lee. Computations in the early visual cortex［J］. Journal of Phisiology，2003，97（2）：121-139.

［16］Sabine Kastner，Leslie G. Ungerleider. Mechanisms of visual attention in the human cortex［J］. Annual Review of Neuroscience，2000（23）：315-341.

［17］张鹏，王润生. 静态图像中的感兴趣区域检测技术［J］. 中国图象图形学报，2005，10（2）：142-148.

［18］Liu L，Fan G. A new JPEG2000 region-of-interest image coding method：Partial significant bit planes shift［J］. IEEE Signal Processing Letters，2003，10（2）：35-39.

［19］Marcus Nystrom，Jerry D. Gibsont and John B. Anderson. Multipledescription image coding using regions of interest［C］. Asilomar Conferences on Signals，Systems and Computers，Pacific Gove，2007：925-928.

［20］Laurent Itti. Automatic foveation for video compression using a neurobiological model of visual attention［J］. IEEE Transactions on Image Processing，2004，13（10）：1304-1318.

［21］Sunhyoung Han，Nuno Vasconcelos. Object-based regions of interest for image compression［C］. Proceedings of the Data Compression Conference，Snowbird，2008：132-141.

［22］刘伟，张宏，童勤业. 视觉注意计算模型及其在自然图像压缩中的应用［J］. 浙江大学学报（工学版），2007，41（4）：650-654.

［23］Nabil Ouerhani，Neculai Archip，Heinz Hügli and Pierre-Jean Erard. Visual attention guided seed selection for color image segmentation［J］. Lecture Notes in Computer Science，2001，（2124）：630-637.

［24］罗彤，陈裕泉. 基于视觉注意引导和区域竞争控制的医学图像分割［J］. 浙江大学学报（工学版），2007，41（11）：1797-1800.

［25］Seung-Hyun Lee，Jaekyoung Moon，Minho Lee. Aregion of interest based image segmentation method using a biologically motivated selective attention model［J］. International Joint Conference on Neural Networks，Vancouver，2006：1413-1420.

［26］Yu Fu，Jian Cheng，Zhenglong Li and Hanqing Lu. Saliency cuts：Anautomatic approach to object segmentation［J］. International conference on Pattern Recognition，Tampa，2008：1-4.

［27］Byoung Chul Ko，Jae-Yeal Nam. Object-of-interest image seg -mentation based on human attention and semantic region clustering［J］. Journal of Optical Society，2006，23（10）：2462-2470.

［28］E. mendi，M. Milanova. Image segmentation with active contour based on selective visual attention［J］. Proceedings of the 3rd WSEAS International Symposium on Wavelets Theory and Applications in Applied Mathematics，Signal Processing & Modern Science，Lstanbul，2009：79-84.

［29］Sang-Woo Ban ，Minho Lee ，Hyun-Seung Yang. A face detection using biologically motivated bottom-up saliency map model and top-down perception model［J］. Neurocomputing，2004，56（1）：475-480.

［30］D. Walter，L. Itti，M. Riesenhuber，T. Poggio， and C. Koch. Attentional selection for object recognition：A gentle way［J］. Lecture Notes in Computer Science，2002，（2525）：472-479.

［31］吴田富. 视觉注意机制计算模型及其在物体识别中的应用［D］. 合肥：合肥工业大学硕士学位论文，2005.

［32］Oliva，A. Torralba，A. Castelhano，M. S. Henderson，J. M. Top -down control of visual attention in object detection［C］. International Conference on Image Process，East Lansing，2003：14-17.

［33］Yuanlong Yu，Mann G.，Gosine R. G. Task-driven moving object detection for robots using visual attention［C］. International Conference on Humanoid Robots，Pittsburg，2007：428-433.

［34］Vu K，Hua K. A，Tavanapong W. Image retrieval based on regions of interest［J］. IEEE Transactions on Knowledge and Data Engineering，2003，15（4）：1045-1049.

［35］陈媛媛. 图像显著区域提取及其在图像检索中的应用［D］. 上

海：上海交通大学硕士学位论文，2006.

［36］ Paisarn Muneesawang, Ling Guan. Using knowledge of the region of interest（ROI）in automatic image retrieval learning ［C］. Proceedings of International Joint Conference on Neural Networks, Montreal, 2005: 1854-1859.

［37］ Rajashekhara, Subhasis Chaudhuri. Segmentation and region of interest based image retrieval in low depth of field observations ［J］. Image and Vision Computing, 2007, 25（11）: 1709 – 1724.

［38］ 黎曦. 基于感兴趣区域的图像分类技术研究 ［D］. 长沙：国防科技大学硕士学位论文，2006.

［39］ Le Dong, Ebroul Izquierdo. A Biologically Inspired System for Classification of Natural Images ［J］. IEEE Transactions on Circuts and Systems for Video Technology, 2007, 17（5）: 590-604.

［40］ 宋雁斓，张瑞，支玲，杨小康，陈尔康. 一种基于视觉注意模型的图像分类方法 ［J］. 中国图像图形学报，2008, 13（10）: 1886-1889.

［41］ Li-Qun Chen, Xing Xie, Xin Fan. A visual attention model for adapting images on small displays ［J］. Multimedia Systems, 2003, 9（4）: 353-364.

［42］ X. Xie, H. Liu, W. Y. Ma, H. J. Zhang. Browsing large pictures under limited display sizes ［J］. IEEE Transaction on Multimedia, 2006, 8（4）: 707-715.

［43］ Huiying Liu, Shuqiang Jiang, Qingming Huang. Region-based visual attention analysis with its application in Image Browsing on Small Displays ［C］. Proceedings of the 15th International Conference on Multimedia, Augsburg, Bavaria, 2007: 305-308.

［44］ Xin Fan, Xing Xie, Weiying Ma, Hongjiang Zhang. Visual attention based image browsing on mobile devices ［C］. Proceeding of the 2003 International Conference on Multimedia and Expo, 2003: 53-56.

［45］ Michael Jenkin, Michael Richard, MacLean Jenkin, Laurence Roy Harris. Vision and Attention ［M］. Springer-Verlag: New York, 2001.

［46］ Winters N. Santos – Victor J. Visual attention – based robot navigation using information sampling ［C］. Proceeding of the 2001 International Conference on Intelligent Robots and Systemsh, Maui, 2001: 1670-1675.

［47］ Rebecca Berman, Carol Colby. Attention and active vision ［J］.

Vision Search, 2009, 49（10）：1233-1248.

［48］Kootstra, Geert Willem. Visual attention and active vision：from natural to artificial systems ［D］. Groningen：University of Groningen, 2010.

［49］B. Rasolzadeh, A. Tavakoli, J. O. Eklundh. An attentional system combining top-down and bottom-up influences ［C］. Workshop on Attention and Performance in Computational Vision, Hyderabad, 2007：123-140.

［50］Mei Tian, Si-Wei Luo, Ling-Zhi Liao, and Lian-Wei Zhao. Top-down atten-tion guided object detection ［J］. Lecture Notes in Computer Science, 2006（4232）：193 - 202.

［51］Charles E. Connor, Howard E. Egeth, Steven Yantis. Visual attention：bottom-up versus top-down ［J］. Current Biology, 2004, 14（19）：850-852.

［52］田媚. 模拟自顶向下视觉注意机制的感知模型研究 ［D］. 北京：北京交通大学博士学位论文, 2007.

［53］C. Koch, S. Ullman. Shifts in selective visual attention：towards the underlying neural circuitry ［J］. Human Neurobiology, 1985, 4（4）：219-227.

［54］Itti L, Koch C, Niebur E. A model of saliency-based visual attention for rapid scene analysis ［J］. IEEE Transactions on Pattern Analysis and Machine Intelligence, 1998, 20（11）：1254-1259.

［55］Itti L. Models of bottom-up and top-down visual attention ［J］. California Institute of Technology, 2000.

［56］Itti L, Kouch C. Computational modeling of visual attention ［J］. Nature Reviews Neuroscience, 2001, 2（3）：194-230.

［57］Laurent Itti. Models of bottom-up attention and saliency ［J］. Neurobiology of Attention, 2005（1）：576-582.

［58］L. Itti and C. Koch. A comparison of feature combination strategies for saliency-based visual attention systems ［C］. Proc. SPIE Human Vision and Electronic Imaging, 1999：473-482.

［59］Itti L, Koch C. Feature combination strategies for saliency - based visual attention systems ［J］. Journal of Electronic Imaging, 2001, 10（1）：161-169.

［60］Dirk Walther, Ueli Rutishauser, Christof Koch, Pietro Perona. Selective visual attention enables learning and recognition of multiple objects in clustered scenes［J］. Computer Vision and Image Understanding，2005，100：41-63.

［61］ Dirk Walther，Christof Koch. Modeling attention to salient proto-objects［J］. Neural Networks，2006，19（9）：1395-1470.

［62］ Dirk Walther. Interactions of visual attention and object recognition：computational modeling，algorithms，and psychophysics［D］. California：California Institute of Technology，2006.

［63］ Woong-Jae Won，Sang-Woo Ban，Minho Lee. Real time implementation of a selective attention model for the intelligent robot with autonomous mental development［C］. Proceeding of the IEEE International Symposium on Industrial Electronics，2005：1309-1314.

［64］ Le Dong，Sang-Woo Ban，Minho Lee. Bilogically inspired selective attention model using human interest［J］. International Journal of Information Technology，2006，12（2）：140-148.

［65］ Woong-Jae Won，Sang-Woo Ban，Jaekyoung Moon. Biologically motivated face selective attention system［C］. International Joint Conference on Neural Networks，Vancouver，2006：4292-4297.

［66］ 张国敏，殷建平，祝恩，毛玲. 基于近似高斯金字塔的视觉注意模型快速算法［C］. 软件学报，2009，20（12）：3240-3253.

［67］ Yufei Ma，Hongjiang Zhang. Contrast-based image attention analysis by using fuzzy growing［C］. Proceedings of the 11th ACM International Conference on Multimedia，2003：374-381.

［68］ Radhakrishna Achanta，Francisco Estrada，Patricia Wils，and Sabine Säusstrunk. Salient region detection and segmentation［C］. International Conference on Computer Vision Systems，2008：66-75.

［69］ 张鹏，王润生. 基于视点转移和视区追踪的图像显著区域检测［J］. 软件学报，2004，15（6）：891-898.

［70］ 张鹏，王润生. 由底向上视觉注意中的层次性数据竞争［J］. 计算机辅助设计与图形学学报，2005，17（8）：1667-1672.

［71］ 张鹏. 图像信息处理中的选择性注意机制研究［D］. 长沙：国防科技大学博士学位论文，2004.

［72］ R. Achanta, S. Hemami, F. Estrada and S. Süsstrunk. Frequency - tuned salient region detection ［J］. IEEE International Conference on Computer Vision and Pattern Recognition, Florida, 2009: 1597-1604.

［73］ Ming-Ming Cheng, Guo-Xin Zhang, Niloy J. Mitra, et al. Global contrast based salient region detection ［C］. IEEE CVPR, 2011: 409-416.

［74］ M M Cheng, N J Mitra, X Huang, et al. Global contrast based salient region detection ［J］. IEEE Transactions on Pattern Analysis and Machine Intelligence, 2015, 37 (3): 569-582.

［75］ S. Gilles. Robust description and matching of images ［D］. Oxford: University of Oxford, 1998.

［76］ M. Jagersand. Salieney maps and attention selection in scale and spatial coordinates: an information therotic approach ［C］. Proceedings of 15th Intemational on Computer Vision, 1995: 195-202.

［77］ T. Kadir. Scale, saliency and scene decription ［D］. Oxford: Unversity of Oxford, 2002.

［78］ SUN Y R. Hierarchicalobject-based visual attention for machine vision ［D］. Edinburgh: University of Edinburgh, 2003.

［79］ Sun Y, Fisher R. Object-based visual attention for computer vision ［J］. Artificial Intelligence, 2003, 146 (1): 77-123.

［80］ 王璐. 选择性视觉注意的计算模型 ［D］. 北京: 中国科学院硕士学位论文, 2003.

［81］ Zhao X. P., Wang L., Hu Z. Y. Aperceptual object based attention mechanism for scene analysis ［J］. Journal of Image and Graphics, 2006, 11 (2): 281-288.

［82］ 邹琪, 罗四维, 郑宇. 利用多尺度分析和编组的基于目标的注意计算模型 ［J］. 电子学报, 2006, 34 (3): 559-562.

［83］ 邵静, 高隽, 赵莹, 张旭东. 一种基于图像固有维度的感知物体检测方法 ［J］. 仪器仪表学报, 2008, 29 (4): 810-815.

［84］ 窦燕. 基于空间和物体的视觉注意计算方法及实验研究 ［D］. 秦皇岛: 燕山大学博士学位论文, 2010.

［85］ 赵宏伟, 王慧, 刘萍萍, 戴金波. 有指向性的视觉注意计算机模型 ［J］. 计算机研究与发展, 2009, 46 (7): 1192-1197.

［86］王慧．空间和目标注意协同工作的视觉注意计算机模型研究［D］．长春：吉林大学博士学位论文，2010．

［87］T. Liu，J. Sun，N. Zheng，et al. Learning to detection a salient object［C］. Proceeding of IEEE CVPR，2007：1-8．

［88］H. Jiang，J. Wang，Z. Yuan，et al. Salient object detection：A discriminative regional feature integration approach［C］. Proceeding of IEEE CVPR，2013：2083-2090．

［89］周晓飞．基于机器学习的视觉显著性检测研究［D］．上海：上海大学博士学位论文，2018．

［90］G. Li，Y. Yu. Visual saliency based on multiscale deep features［C］. Proceeding of IEEE CVPR，2015：5455-5463．

［91］R. Zhao，W. Ouyang，H. Li，et al. Saliency detection by multi-context deep learning［C］. Proceeding of IEEE CVPR，2015：1265-1274．

［92］G. Li，Y. Yu. Deep contrast learning for salient object detection［C］. Proceeding of IEEE CVPR，2016：478-487．

［93］Yan，Q. Xu，L. Shi J.，et al. Hierarchical saliency detection. In Computer Vision and Pattern Recognition［C］. Proceedings of IEEE CVPR，2013：1155-1162．

［94］Sharon Alpert，Meirav Galun，Ronen Basri，et al. Image segmentation by probabilistic bottom-up aggregation and cue integration［C］. Proceedings IEEE CVPR，2007：1-8．

［95］C. Yang，L. Zhang，H. Lu，X. Ruan M. H. Yang. Saliency detection via graph-based manifold ranking［C］. Proceedings of IEEE CVPR，2013：3166-3173．

［96］卫立波．基于图谱的视觉注意计算模型［D］．重庆：重庆大学硕士学位论文，2010．

［97］徐威，唐振民．利用层次先验估计的显著性目标检测［J］．自动化学报，2015，41（4）：799-812．

［98］Xiaodi Hou，Liqing Zhang. Saliency detection：A spectral residual approach［C］. IEEE Conference on Computer Vision and Pattern Recognition，2007：1-8．

［99］Feng Liu，Michael Gleicher. Region enhanced scale-invariant saliency detection ［C］. 2006 IEEE International Conference on Multimedia and Expo, Toronto, 2006: 1477-1480.

［100］ Yiqun Hu, Deepu Rajan, Liang - Tien Chia. Robust subspace analysis for detecting visual attention regions in images ［C］. Proceedings of the 13th annual ACM international conference on Multimedia, Singapore, 2005: 716-724.

［101］ Yiqun Hu, Deepu Rajan, Liang-Tien Chia. Scale adaptive visual attention detection by subspace analysis ［C］. Proceedings of the 15th Annual ACM International Conference on Multimedia, Augsburg, 2007: 525-528.

［102］ Tie Liu, Jian Sun, Nan-ning Zheng, et al. Learning to detect a salient object ［C］. 2007 IEEE Conference on Computer Vision and Pattern Recognition, Minneapolis, 2007: 1-8.

［103］ 李弼程. 智能图像处理技术 ［M］. 北京: 电子工业出版社, 2004.

［104］ 徐海松. 颜色信息工程 ［M］. 杭州: 浙江大学出版社, 2005.

［105］ Xuelei Ni, Xiaoming Huo. Statistical interpretation of the importance of phase information in signal and image reconstruction ［J］. Statistics and Probability Letters, 2007, 77 (4): 447-454.

［106］ Peter J. Bex, and Walter Makous. Spatial frequency, phase, and the contrast of natural images ［J］. Journal of Optical Society, American, 2002, 19 (6): 1096-1106.

［107］ Chenlei Guo, Qi Ma, Liming Zhang. Spatial-temporal saliency detection using phase spectrum of quaternion fourier transform ［C］. Proceedings of IEEE Conference on Computer Vision and Pattern Recognition, Anchorage, 2008: 116-123.

［108］ 李武跃, 李志强, 方涛等. 基于颜色信息相位谱的显著性检测 ［J］. 上海交通大学学报, 2008, 42 (10): 1613-1617.

［109］ Fred Stentiford. An estimator for visual attention through competitive novelty with application to image compression ［C］. Picture Coding Symposium, Seoul, 2001.

［110］ Mancas M., Mancas-Thillou C., Gosselin B., Macq, B. A rarity-based visual attention map-application to texture description ［C］. 2006 IEEE International Conference on sImage Processing, Atlanta, 2006: 445-448.

［111］Yiqun Hu，Xing Xie，Wei-ying Ma. Salient region detection using weighted feature maps based on the human visual attention model ［C］. The 5th IEEE Pacifc - Rim Conference on Multimedia，Tokyo Waterfront，2004：994-1000.

［112］Bahmani H，Nasrabadi A. M，Gholpayeghani M. R. H. Nonlinear data fusion in saliency-based visual attention ［C］. The 4th International IEEE Conference on Intelligent Systems，Varna，2008.

［113］Pian Zhaoyu，Lu Pingping，Li Changjiu. Automatic detection of salient object based on multi-features ［C］. Second International Symposium on Intelligent Information Technology Application，Shanghai，2008：437-441.

［114］石殿国，桂预风. 基于信息熵图像分割算法的若干改进 ［J］. 软件导刊，2009，8（8）：56-59.

［115］过晨雷. 注意力选择机制的研究：算法设计以及系统实现 ［D］. 上海：复旦大学硕士学位论文，2009.

［116］Li J，Levine M D，An X，et al. Visual saliency based on scale space analysis in the frequency domain ［J］. IEEE Transactions on Pattern Analysis and Machine Intelligence，2013，35（4）：996-1010.

［117］Xiaodi Hou，Jonathan Harel，Christof Koch. Image Signature：Highlighting Sparse Salient Regions ［J］. IEEE Transactions on Pattern Analysis and Machine Intelligence，2012，34（1）：194-201.

［118］李志清，施智平，李志欣等. 基于结构相似度的稀疏编码模型 ［J］. 软件学报，2010，21（10）：2410-2419.

［119］Weilong Hou，Xinbo Gao，Dacheng Tao，Xuelong Li. Visual Saliency Detection Using Informaiton Divergence ［J］. Pattern Recognition，2013，（46）：2658-2669.

［120］J. Harel，C. Koch，P. Perona. Graph-Based Visual Saliency ［C］. Proceedings of Advances in Neural Information Processing Systems，2007：681-688.

［121］N. Bruce and J. Tsotsos. Saliency，attention，and visual search：an informaton theoretic approach ［J］. Journal of Vision，2009，9（3）：1-24.

［122］L. Zhang，M. Tong，T. Masks，H. Shan，and G. Cottrell. SUN：a bayesian framework for saliency using natural statistics ［J］. Journal of Vision，

2008，8（7）：1-20.

［123］Xiaodi Hou，Jonathan Harel，Christof Koch. Image signature：Highlighting sparse salient regions ［J］. IEEE Transactions on Pattern Analysis and Machine Intelligence，2012，34（1）：194-201.

［124］Xiaodi Hou，Liqing Zhang. Dynamic visual attention：searching for coding length increments ［C］. Proceedings of the Twenty-Second Annual Conferece on Neural Information Processing Systems，2008：681-688.

［125］陈照兴. 视觉显著性检测算法及其应用研究 ［D］. 郑州：河南财经政法大学硕士学位论文，2018.

［126］Rahtu E，Kannala J，Salo M，HeikkilÄa J. Segmenting salient objects from images and videos ［C］. Proceedings of the 11th European Conference on Computer Vision. Heraklion，Greece：Springer，2010：366-379.

［127］Perazzi F，KrÄahenbÄuhl P，Pritch Y，Hornung A. Saliency filters：contrast based filtering for salient region detection ［C］. Proceedings of the 2012 IEEE International Conference on Computer Vision and Pattern Recognition. Providence，USA：IEEE，2012：733-740.

［128］Borji A，Sihite D N，Itti L. Salient object detection：a benchmark ［C］. Computer Vision - ECCV 2012. Springer Berlin Heidelberg，2012：414-429.

［129］Wei Y C，Wen F，Zhu W J. Geodesic saliency using back ground priors ［C］. Proceeding of the European Conference on Computer Vision 2012：Part III. Florence，Italy：Springer，2012：29-42.

［130］蒋寓文，谭乐怡，王守觉. 选择性背景优先的显著性检测模型 ［J］. 电子与信息学报，2015，37（1）：130-136.

［131］Yang C.，Zhang L.，Lu H.，et al. Saliency detection via graph-based manifold ranking ［C］. Proceedings of the 2013 IEEE International Conference on Computer Vision and Pattern Recognition. Portland OR：IEEE Press，2013：3166-3173.

［132］Zhu W J，Liang S，Wei Y C. Saliency optimization from robust background detection ［C］. Proceedings of the 2014 IEEE International Conference on Computer Vision and Pattern Recognition. Columbus，OH：IEEE，2014：2814-2821.

［133］Achanta R，Shaji A，Smith K. SLIC superpixels compared to state-of-the-art superpixel methods［J］. IEEE Transactions on Pattern Analysis and Machine Intelligence，2012，34（11）：2274-2282.

［134］曹向海，邓湖明，黄波. 背景感知的显著性检测算法［J］. 系统工程与电子技术，2014，36（8）：1668-1672.

［135］Vida Movahedi，James H. Elder. Design and perceptual validation of performance measures for salient object segmentation［C］. 7th IEEE Computer Society Workshop on Perceptual Organization in Computer Vision. San Francisco，CA：IEEE，2010：49-56.

［136］Mangue G R，Hillyard S A，Luck S J. Electrocortical substrates of visual selective attention：Attention and performance［M］. Cambridge：MIT Press，1993：219-243.

［137］Heinze H J，Mangun G R，Burchert W. Combined spatial and temporal imaging of brain activity during visual selective attention in humans［J］. Nature，1994，372：534-546.

［138］Hillyard S A，Anllo-Vento L. Event-related brain potentials in the study of visual selective attention［J］. Proceedings of the National Academy of Science USA，1998：781-787.

［139］Duncan J，Humphreys G W. Visual search and stimulus similarity［J］. Psychological Review，1989，96：433-458.

［140］Duncan J. Target and non-target grouping in visual search［J］. Perception and Psychophysics，1995，57（1）：117-120.

［141］O'Craven K M，Rosen B Rs，Kwong K K. Voluntary attention modulates fMRI activity in human MT-MST［J］. Neuron，1997，18：591-598.

［142］Czigler S，Balazs L. Object-related attention：an event-related potential study［J］. Brain and Cognition，1998，38：113-124.

［143］Valdes-Sosa M，Bobes M A，Rodriguez V. Switching attention without shifting the spotlight：Object-based attentional modulation of brain potentials［J］. Journal of Cognitive Neuroscience，1998（10）：137-151.

［144］李仁豪，叶素玲. 选择注意力：选空间或选物体［J］. 应用心理研究，2004（26）：149-165.

［145］David Soto，Manuel J. Blanco. Spatial attention and object-based attention: a comparison within a single task [J]. Vision Research, 2004 (44): 69-81.

［146］赵训坡, 王璐, 胡占义. 一种基于感知物体的场景分析注意机制 [J]. 中国图象图形学报, 2006, 11 (2): 281-290.

［147］Zou Q, Luo S. Selective attention guided perceptual grouping model [J]. Lecture Notes in Computer Science, 2005, 3610: 867 - 876.

［148］Jonathan Opie. Gestalt theories of cognitive representation and processing [J]. Psycology, 1999, 10 (021).

［149］http://baike. baidu. com/view/73571. htm? fr = ala0_ 1.

［150］于烨, 陆建华, 郑君里. 一种新的彩色图像边缘检测算法 [J]. 清华大学学报 (自然科学版), 2005, 45 (10): 1339-1343.

［151］Songhe Feng, De Xu, Xu Yang. Attention driven salient edge (s) and region (s) extraction with application to CBIR [J]. Signal Processing, 2010, 90 (1): 1-15.

［152］Bulot R, Boi J. M, Sequeira J, Caprioglio M. Contour segmentation using hough transform [C]. Proceeding of International Conference on Image Processing, 1996: 583-586.

［153］J. Elder, S. Zucker. Computing contour closure [C]. Proceeding of 4th European Conference on Computer Vision, 1996: 399-412.

［154］Jiang X. An adaptive contour closure algorithm and its experimental evaluation [J]. IEEE Transactions on Pattern Analysis and Machine Intelligence, 2000, 22 (11): 1252-1265.

［155］Song Wang, Toshiro Kubota, Jeffrey Mark Siskind, Jun Wang. Salient closed boundary extraction with ratio contour [J]. IEEE Transactions on Pattern Analysis and Machine Intelligence, 2005, 27 (4): 546-561.

［156］胡学刚, 孙慧芬, 王顺. 一种新的基于图论的图像分割算法 [J]. 四川大学学报 (工程科学版), 2010, 42 (1): 138-142.

［157］陶文兵, 金海. 一种新的基于图谱理论的图像阈值分割方法 [J]. 计算机学报, 2007, 30 (1): 110-119.

［158］Pedro F. Felzenszwalb, Daniel P. Huttenlocher. Efficient graph - based image segmentation [J]. International Journal of Computer Vision, 2004, 59 (2): 167-181.

［159］Shi J, Malik J. Normalized cuts and image segmentation［J］. IEEE Transactions on Pattern Analysis and Machine Intelligence, 2000, 22（8）: 888-905.

［160］Sarkar S, Soundararajan P. Supervised learning of large perceptual organization: graph spectral partitioning and learning automata［J］. IEEE Transactions on Pattern Analysis and Machine Intelligence, 2000, 22（5）: 504-525.

［161］陈俊周, 李炜, 王春瑶. 一种动态场景下的视频前景目标分割方法［J］. 电子科技大学学报, 2014, 43（2）: 252-256.

［162］周强强, 赵卫东, 柳先辉等. 一种前景和背景提取相结合的图像显著性检测［J］. 计算机辅助设计与图形学学报, 2017, 29（8）: 1396-1407.

［163］刘志伟, 周东傲, 林嘉宇. 基于图像显著性检测的图像分割［J］. 计算机工程与科学, 2016, 38（1）: 144-147.

［164］周静波, 任永峰, 严云洋. 基于视觉显著性的非监督图像分割［J］. 计算机科学, 2015, 42（8）: 52-56.

［165］张亚红, 杨欣, 沈雷等. 基于视觉显著性特征的自适应目标跟踪［J］. 吉林大学学报（信息科学版）, 2015, 33（2）: 195-200.

［166］冯语姗, 王子磊. 自上而下注意图分割的细粒度图像分类［J］. 中国图象图形学报, 2016, 21（9）: 1147-1154.

［167］Wang Qiaosong, Zheng Wen, Piramuthu R. GraB: visual saliency via novel graph model and background priors［C］. Proceedings of the 2016 IEEE International Conference on Computer Vision and Pattern Recognition. Las Vegas NV: IEEE Press, 2016: 535-543.

［168］Borji A. What is a salient object? a dataset and a baseline model for salient object detection［J］. IEEE Transaction on Image Processing, 2015, 24（2）: 742-756.

［169］周尚波, 胡鹏, 柳玉炯. 基于改进 Mean-Shift 与自适应 Kalman 滤波的视频目标跟踪［J］. 计算机应用, 2010, 30（6）: 1573-1576.

［170］Xu Dong, Xu Wen-li. Tracking Moving Object with Structure Template［J］. Journal of Electronics & Information Technology, 2005, 27（7）: 1021-1024.

［171］刘清，窦琴，郭建明．基于多特征组合的协方差目标跟踪方法［J］．武汉大学学报（工学版），2009，42（4）：512-515.

［172］刘献如，蔡自兴．UKF 与 Mean shift 算法相结合的实时目标跟踪［J］．中南大学学报（自然科学版），2011，42（5）：1338-1343.

［173］李远征，卢朝阳，高全学．基于多特征融合的均值迁移粒子滤波跟踪算法［J］．电子与信息学报，2010，32（2）：411-415.

［174］王一木，潘赟，严晓浪．基于颜色的粒子滤波算法的改进与全硬件实现［J］．电子与信息学报，2011，33（2）：448-454.

［175］陈金广，马丽丽，陈亮．基于边缘粒子滤波的目标跟踪算法研究［J］．计算机工程与应用，2010，46（28）：128-131.

［176］曾志宏，周昌乐，林坤辉等．目标跟踪的视觉注意计算模型［J］．计算机工程，2008，34（23）：241-243.

［177］G. Zhang，Z. Yuan，N. Zhang，X. Sheng and T. Liu. Visual saliency based on object tracking［C］. Proceedings of the Asian Conference on Computer Vision，2009：193-203.

［178］李培华．一种新颖的基于颜色信息的粒子滤波器跟踪算法［J］.计算机学报，2009，32（12）：2454-2463.